芝浦屠場千夜一夜

山脇史子

青月社

序

むかしむかし……まだ新幹線が品川駅に止まらなかったころのことです。

一九九一年から約七年間、私は東京芝浦にある食肉市場・屠場に断続的に通って現場の仕事を教えてもらいました。

これはそのころのはなしです。

そんな昔のことをなぜ今ごろになって書いているのか。

それはかっての私には、自分が出会ったことの意味がよくつかめていなかったからです。あのころの出来事と私が差し向かいになれるには、四半世紀のながい年月が必要だったのです。

出会いがしらにひきつけられてしまう、ということがありますよね。もともと私は軽はずみな人間で。よく自覚しています。

そのことによって自分がどんなことになっても仕方がないなと諦めてもいます。他の人を巻き込むことのないようにと祈りながら。

芝浦に通い出したのも、そんな私の軽はずみな性格のせいかもしれません。

「いま一番妥協しないで戦っているのは、芝浦屠場の労働組合だ。最近はどこの運動団体も物わかりがよくなっている。だが芝浦は違うぞ」

チラと自分の耳が聞いた「妥協しないで戦っている」という言葉が、いつまでも気になって芝浦の食肉市場まで私を運んだのです。

芝浦屠場千夜一夜◉目次

目次

伊沢真澄に会う

食肉市場に向かう道の右手フェンスの向こうには、旧国鉄の用地が広がっていた。うす緑色の草むらの中に、無数の少し茶色く錆びた線路が、ゆるい放射状にうねって敷かれたままになっている。かって牛や豚は貨物列車で、日本各地から何日もかかって芝浦に運ばれてきたという。

フェンスに沿って丸くカーブを描く舗道の反対側には、ぎっしりと居酒屋、ラーメン店、焼き肉店などの店が並び、奥には食肉関係の店や冷蔵施設が密集していた。長靴をはき白衣のすそをなびかせた男性が、道に停めた保冷車と店の間を忙しげに往復している。

見渡せば遥かに広い線路をへだてて、駅の反対側には超高層の品川プリンスホテル、ホテルパシフィックなどが空に伸びる。その先の高台には静かで宏壮な住宅地の緑が広がる。

ここは黒沢明監督の映画『天国と地獄』の舞台モデルになった土地でもあると聞いた。環状線の線路を挟んで、山側には高級住宅街、海側には労働者街。芝浦のあたりは、埋め立てが進む以前はすぐ前に運河と海が迫っていた。

カーブした舗道はそこで食肉市場の壁に突き当たり、左折して市場の門の前に続いている。市場は人の背よりも高いコンクリートの壁が、ぐるり周囲を取り囲んでいた。

芝浦の屠畜解体現場を見学した後、「一週間ほど働かせてもらいたい」と、意思表示をしてから、実現までに三か月ほど時間がかかった。作業現場には女性がほとんどいない。東京都職員である解体作業担当は、当時全員男性。内臓処理業者の作業場には、数人女性がいたが、経営者の家族親類で店や自宅がすぐ近くだった。

着替えはどうする。風呂やシャワーは？　トイレだって現場は男性用だけしかないぞ。……でも、なんとかなるのではないかしら。そう思っていた時に、

「やりたいなら、やらせてみたらいい」

と、言ってくれる人が眼の前に現れた。

東京芝浦屠場労働組合創設時の中心人物である伊沢真澄に紹介されたのは一九九一年。

昭和が終わり平成になって三年目。バブルがはじけソ連邦が崩壊した年だ。巨大ディスコ「ジュリアナ東京」オープンも話題になった。

二月最後の金曜日。昼少し前、組合委員長の外山義雄に連れられて、内臓業者の仕事場に行く。食肉市場では通常の肉にあたる枝肉を扱う業者と、内臓を専門に処理販売する業者とに分かれている。伊沢さんは当時独立して、ひとりで内臓卸問屋を営んでいた。

入り口で待っていると、精悍な顔つきの男性が出てきた。

特に大柄ではないが、がっしりしていて目につくほどに色白だ。くっきりとした二重の目の白目の部分の多い三白眼である。この人が伊沢さんらしい。じっと人の顔を見て伊沢さんはいきなりこう尋ねた。

「芝浦の何が知りたいんだ」

伊沢さんが立っているのは、内臓業者の作業場への入り口だ。作業場の入り口には、風よけに透明な厚いビニールが互い違いに二枚天井から吊るしてある。足元は絶え間なく流れる水で濡れていた。ビニールの向こう側には、大勢の人が立ち働いている気配がある。コンクリートの床を濡らすのは、その仕事場から染み出てくる水だ。

足元の濡れた床を踏みながら、私は伊沢さんの顔を一所懸命見つめていた。伊沢さんの強い眼の光に捕まえられて、身動きができない。

五七歳になるという伊沢さんは、分厚い肩に生成りの白い作業着をまとっていた。柔道着に似た和服のような襟に筒袖の古風な服だ。その上から白いゴムの前掛けを、片方の肩から斜めかけにして、腰には革の太いベルトでケースに入ったナイフを吊るしている。

伊沢さんのたくましい足を入れた長靴の間にも、絶え間なく水が流れていく。

「無理だと思うよ」

伊沢さんが低い声で言った。

「ご覧のとおり、気持ちのいいところじゃないから。無理だと思うよ。話ならしますから。芝浦の何が知りたいの。品物の流れなのか、仕組みなのか、歴史なのか」

伊沢さんは話しながら、値踏みをするように、こちらをじっと見ている。ああダメか。ここで終わりか。

伊沢さんを説得できるような言葉を私は持っていなかった。なぜ自分がそれ程むきになっているのかさえ、よくわかっていない。

「具体的に何が知りたいのか解らないほど、まだ何も知らないのです。現在の芝浦がどうなっているのか。仕事の流れがどうなのか。タダ働きのころの闘いも全部知りたいです。

芝浦の現場で働くということを自分の手を使って感じてみたいのです」

私がやっとそれだけ伝えると、

「この間現場の見学はしたんですけどね。牛と豚と一日ずつかけて」

外山がそばから言ってくれた。

「うん？　じゃあ来てみれば。いつでもいいよ。こんどの月曜からでもいい」

意外にも伊沢さんは、あっさり言った。自分の指がつまんでいる紙に目をやると、太い腕を伸ばして「ふん」とそれを私にくれた。小さな赤いシミのついた紙には、次週の作業順序らしきものが並んでいる。伊沢さんは少し考えるようにもう一度こちらを見た後フッと笑って、くるりと後ろを向いた。がっしりした背中が、風除けのビニールを押し分けて、中に消えていく。


あとから聞いたところによると、伊沢さんは労働組合の人たちに頼まれて、あらかじめ私を受け入れることを決めていたのだそうです。でも会ってみると、ワンピースに華奢なパンプス、大きな書類カバンを肩にかけた姿で現れた私は、いかにもヤワに見えたのだというのです。これはダメだといったんは断ったということなのでした。

現場初日

三月最初の月曜日だった。

品川駅港南口（東口）からすぐの東京都食肉市場の門を入った。

守衛室に挨拶をして、約束の八時に都職員の控室に行く。ナイフや長靴などを売る売店や食堂が一階に入った建物の二階、三階部分が更衣室や休憩室だ。

仕事の身支度を整えた職員たちが、階段を降りてくる。

控室の扉を開けると、外山義雄が待っていてくれた。

「これに着替えて」

外山が作業着を出してきた。白い半そで開襟シャツの作業着の上下を着て、白い長靴を履く。髪も編んで後頭部で丸める。

「前掛けもして」

前掛けのヒモに首を通すと、ビニールの白い前掛けは、足首のあたりまである。

「長いですね」

「長くないと、長靴に水がはいるだろ。ヒモは後ろで結ぶんじゃない。前にまわして結ぶ。うん、あんまり似合わねえな」

白衣の上下に白いゴム長靴、前掛けをかけた仕事着姿になって伊沢さんの所に行く。

仕事着姿になった私を上から下まで見て、伊沢さんはちょっと笑った。

内臓の作業現場は、蜂の巣のように細かく区切られていた。解体処理部分は東京都の直営で都職員の仕事だが、内臓の処理販売は各業者の受け持ちなのだ。業者には、それぞれに区分けされた狭い作業ブースが割り当てられている。作業場の全体は、体育館ほどの広さがあるが天井は高くなく、頭上には換気のための太い送風管が縦横にはり巡らされている。床は陸上競技場のアンツーカーのような赤褐色でザラザラしている。

「この赤いの、すべり止めのヤスリなんですよ」

伊沢さんが説明してくれた。屠場の床はすべる。ぬれた床に脂がついて、慣れないと歩けないほどだ。

「古い屠場の床は御影石だったから、もっとすべった。長靴にわら縄を巻いてすべり止めにしていた。それでもすべった。あんたなんかとても歩けないほどだったよ」

六年前に建て替えたときに、床にすべり止め加工をした。それでもすべる。それに加工はヤスリと同じだから長靴の底がすぐに減るという。


「働いてみたい」という私を受け入れてくれたのは「内臓業者」の伊沢さんの作業場でした。それまで食肉と言えば、ロースやバラなど枝肉の部位しか浮かびませんでした。が、肉にはレバーやタンなどの内臓部分がありますよね。それを専門に扱っているのが、「内臓屋」と呼ばれる伊沢さんたち業者でした。

内臓だけ扱う業者があるのか。驚いてしまうでしょ。「内臓屋」という呼び名もなんだか違和感があるなあと思っていると、

「内臓は『ゴミ、皮』と言われていたんですよ」

間もなく伊沢さんから教えられることになりました。

「ゴミ、皮？　ですか？」

何のことかわからずにくり返すと、

「そう。皮は牛皮や豚皮のことだよね。で、ゴミとは内臓のこと。食肉市場では枝肉が主

要生産物だ。その副生物として、ついでに皮と内臓が出てくる。それで枝肉業者たちは内臓業者たちをバカにして『ゴミ、皮』って言っていたんだよ。おれたち内臓屋の商品はゴミあつかいだったんだよ」

知らなかっただろう？　何にも知らないんだからと、ぼそぼそと小声で付け加えたのでした。


「じゃあ、二階にいくよ。これ持って」

伊沢さんは、ドウコウと呼ぶ一斗缶に持ち手をつけたものを、ひとつ私に持たせて、自分でもひとつぶら下げると、先に立って歩きだした。

「伊沢さんの娘？」

会う人ごとに聞かれる。伊沢さんには二人の娘がいるそうだ。

「いえ、違います」

「じゃ親戚のひと？」

「いえ」

伊沢さんも聞かれている。

「伊沢さんの娘でしょ?」

「違う。違う」

二階は、以前に見学した牛の解体作業場だ。こちらは広々と天井が高い。体育館のような作業所の天井部分にレールを巡らせ、枝肉を吊るして作業している。大きな牛が逆さまにカーテンのように列をなしてずらりと天井から下がっている様子は壮観である。職員たちは作業工程ごとに、プラットホームという高さを上下できる壁のないエレベーターのような台の上で作業している。その作業台のあちこちから、伊沢さんに向けて挨拶の言葉がとんでくる。

「おはよーっす」

「今日は早いな」

伊沢さんは、ドウコウにお湯をくんで、シュートに流した。このシュートは大腸、小腸を下の内臓作業場にすべり落とすためのもので、解体作業のコンベアーベルトの端がマンホールの穴のようになっている。私も真似をしてお湯をくんで流した。

「うん、一杯でいいよ。今度はこっちに流して」

テール(尾)用のシュートにお湯をくみいれながら言った。

この場所は解体作業の最終段階だ。都職員がきれいに皮を剥いた牛から内臓を出し、テールを切り取り、背割りをして枝肉にしている。解体作業場は意外なほどにおいがしない。新鮮なら肉も内臓も気になるようなにおいを発しないのだ。

内臓業者がわざわざドウコウを下げて、この二階に上がってくるのは、レバー（肝臓）を手で運ぶためだ。レバーは内臓業者の主力商品のひとつだ。そのレバーをシュートで流してしまうと、グズグズにくずれて品質が落ちる心配がある。

さらに言えば、獣医の検査に立ち会いたいということもあるらしい。レバーが検査に不合格になり廃棄処分になるのは、牛が病気の場合だけとは限らない。病気ではなくとも、黒い小さな点々が入っていたりすると、食べたときに舌に触っておいしくないため、その部分だけ切り取って廃棄処分にされる。レバーの廃棄率は二割前後と高率だ。

「病気のものは仕方がないさ。でも食べても何の問題もないものまで、気楽に廃棄にされちゃたまらない」

その検査の合格不合格の基準が、獣医によってかなり違っているらしい。あきらかに病気のものが廃棄になるのは当然だとしても、それ以外のものでは、内臓業者の目からみれば何でもないと思われるものまで廃棄にしてしまう獣医もいる。

そんな時、なぜ廃棄なのか、その理由を尋ねて納得したい。時には異議を唱えたいというのが内臓業者の言い分だ。古株の内臓業者たちは、学校を出たての若い獣医の目よりも、自分たちの経験の方に信を置く。獣医まかせにしていては、大事な自分の商品であるレバーの多くが廃棄処分にされかねないと心配しているのだ。

解体作業が進んで、レバーがステンレス製の検査台の上を滑りおりてくる。心臓や肺など内臓のかたまりも目の前に滑り降りてくる。

検査台の前に立った衛生検査担当の獣医は、白衣にゴーグル型の眼鏡、ゴム手袋とものものしい身ごしらえだ。

伊沢さんの後ろにくっついて、私も検査台の脇についた。

「ここ、頭をぶつけないように気を付けて。みんなぶつけるんだ」

柱からちょうど頭の位置に突き出した機械ボックスを手でたたきながら注意してくれた。

獣医が火かき棒のような長い棒状のカギで、内臓をひっかけて目に近づけて見ている。レバーは、ひっくり返しながら表、裏と見て、あやしい点があると、容赦なく包丁で切れ目を入れて念入りに検査する。

その様子を横に立った伊沢さんが睨んでいる。検査に合格すると、検査助手が「東京」と書いた紫色の判をポンと押す。東京中央卸売市場衛生検査合格の証だ。

検査に合格した内臓は、レバー以外はシュートで一階に流す。レバーは私が両手で抱えて、検査台からドウコウに移した。牛のレバーは、温かくて柔らかく弾力がある。ぬれていてすべるので、一頭分ずつ抱きかかえるようにしてドウコウにいれた。

この日は、伊沢さんの持ち分である牛六頭分のレバー全部が、検査に合格した。私はレバーが山盛りになったドウコウ二つを両手に持った。目の前がぼやける程の重さだ。

「レバーは一頭分五キロから七キロあるから、ドウコウ二杯で四〇キロ近くになるんだよ」

伊沢さんが教えてくれながら、二つのドウコウを私から取り上げて、軽々と手に提げ歩きだした。私はひったくるようにして、ドウコウをひとつだけ持たせてもらった。

一階に降りるエレベーターに乗り込むと、

「今日はいいレバーだったね」

伊沢さんがうれしそうに言った。大漁の獲物を釣った漁師のような表情だ。

私がゆさゆさレバーをゆらしながら運んでいると

「おっ、力持ちだな」

通りすがりの人たちが声をかけてくれる。

「伊沢さん、その子誰？　娘？」

またもみんなが聞く。

「違うよォ」

と伊沢さん。

「だって顔がそっくりじゃない。伊沢さんと目が同じだよ」

二人の顔を見比べながら言う人もいる。

内臓処理作業場

一階に戻ってくると、伊沢さんの作業場は、すっかりにぎやかになっていた。肉をひっかけるために鋭い鍵になったステンレスのS字管には気管とフワ（肺）、ハツ（心臓）がひと続きになったままの大きな内臓が六頭分ぶら下がっている。

作業台にはテールとタン（舌）が、これも六本ずつころがっている。水槽にはハラミ（横隔膜）が水につかってあふれかえっている。

流しの下には、角も目玉もそのままに、皮だけを剥いた牛のカシラが山積みになっている。カシラはまだ筋肉が生きていて断面がもりもりと動く。

こんな光景を見たことがあるような気がした。そうだ。以前遊びに行った香港の市場に似ている。にぎやかで活気があって、人と物とがあふれて、ぶつかりあって熱気を生み出している。

マンゴーやパパイヤやドリアンや、私が名前を知らない果物も山と積まれ、反対側のウインドーにはハムやソーセージや焼き豚がぶら下がって、かごの中には、生きた鶏や鶉もいた。

そんなことを思い出していると、伊沢さんが

「この人はライターだよ。ここのことを書く人だよ。みんなもしっかり教えてやってくれ」

とまわりの人に私を紹介してくれた。

「『芝浦の懲りない面々』とかって書かれるのかなあ」

作業ブースが隣で、テキパキと動き回って伊沢さんの荷を動かしていた大月幸紀がふざけた口調で言った。当時、安部譲二の『塀の中の懲りない面々』という刑務所を舞台にした小説が人気になっていた。

テールの余分な脂をとっていた宮崎啓吾は、よろしくと笑いかけてくれた。

その様子を眺めながら、

「じゃ、やってみようか。ゆっくりやるから見ててよ」

伊沢さんはS字管にぶらさがった気管のひとつにナイフをあてた。気管にそってピッタリとくっついている自転車のチューブのような食道を切り離した。次いで気管についた粘

液質のぬめりをとり、ぬれた座布団のようなフワを切り離し、気管の先にぶら下がったヤシの実のようなハツを切り取る。最後に残った筒状の気管をS字管から外すと、ゴミ箱にポーンと投げた。

「わかった？　ゆっくりやってみて。ゆっくりでいいからね」

伊沢さんは、自分のナイフを私に貸してくれながら言った。

ナイフは刃の長さが二〇センチ程。木の柄がついている。映画『アラビアのロレンス』で、T・E・ロレンスがベドウィン族の衣装をきて、砂漠の中で太陽にかざして見ていたような三日月型のナイフだ。使い込んで、よく手入れがされているのがわかる。

職人は、自分の道具を他人に使われるのをいやがるものではないか。借りるのは申し訳ないな。

教わったことを頭で反芻しながら、左手で食道をつまみ右手のナイフを動かしていく。食道のまわりはヌルヌルの粘液で指がすべり、しっかりつかめない。フワは大きく手の上にかぶさってくる。ハツはズシンと重たい。

目の前のカギにぶらさがった内臓は、改めて眺めるととても大きい。そして光っている。健康な生き物の体の中は美しい。

気管は直径五〜六センチ。五〇センチほどの長さの気管の先にあるフワは、呼び名のとおりフワフワでピンク色だ。これも以前は食用にしていたらしいが、おいしいわけではないので今は脂として処理する方にまわしている。気管の端にぶらさがったハツを切り取る。新鮮な内臓は、ナイフを入れると内側からはじけるように断面を現す。神々しいほどみずみずしい。よく砥がれた伊沢さんのナイフは、サクサクと確かな手ごたえを手のひらから腕に伝える。

水と血と脂で濡れた床を、ザックザック、ドドドドとたくさんの長靴が踏みしめる音、バシバシバシュバシュ水が流れ飛び散る音が、仕事の伴奏音楽のように響いてくる。両手をおぼつかなく動かしながら、ちょうど頭のところに突き出ているS字管が気になる。尖ったカギの先端に引き寄せられ串刺しになりそうだ。

「うん、できた?　それでいいよ。じゃ、こんどはこっち。この脂を手でとるの。これやってみて」

伊沢さんは、私の様子を見ながら、不思議なかたまりをカギにかけて説明し出した。

「これセンマイ。牛の胃袋。牛は胃が四つあるでしょ。これはその第三胃だよ。裏側のこの脂、手でとれるから、きれいにとって」

センマイは、牛の巨大な胃袋の第三胃の部分三〇センチ四方ぐらいを切り取ってある。ビラビラの、海藻のワカメを厚くしたような黒いヒダが「千枚」もあるということなのか。裏面は分厚い脂肪の層だ。脂肪のかたまりが、五～一〇センチもの厚さにしっかりくっついている。その脂を手でひっぱりながら、皮をむくように力を入れてメリメリはがしていく。こぶし程もある脂の固まりをはがすと、あとは艶のあるサーモンピンクの筋肉面になる。

「気持ち悪いでしょう。さわれる?」

側で仕事をしていた若い男性が声をかけてきた。

「オレ、初めてここにきたとき一週間ぐらいご飯食べられなくて。一か月ぐらいしたら熱が出ちゃって。だって、なんか筋肉が動くから虫みたいでしょ。気持ち悪くてさわれなかったよ」

実にスカッとした表情の好青年だ。私は自分でも意外なほど気持ちが悪いとは思わなかった。そう言うと、おもしろそうな顔をした。

「そんなに苦手だったのに、どうしてここで仕事をしているの」

「オレね。なんの仕事をしても続かなかったの。一か月仕事をして給料もらうと辞めて遊びに行っちゃうの。その繰り返し。それがなんだか、ここは続いたんだよね。最初？　最初は知り合いがここにいて紹介してもらったの」

彼は芝浦に来て五年になるといった。


ズズーン、バシャバシャバシャ。

作業場の一番奥にあるシュートから、大量の水とともに地響きをたてて牛のカシラ（頭）が流されてきた。この場所は、二階の解体作業場の真下にあたる。作業の手順に従って内臓肉として処理するものは、一階のこの作業場におりてくる。

牛のカシラは実に大きい。角も目もそのままのカシラは、掘り起こした木の根っこのようにどっしりしている。解体作業場できれいに皮をむかれたカシラは、鮮やかな赤色で、筋肉の紅白の縞がくっきりしている。間近に見ていると筋肉が波のように、うねって盛大に動く。

「動いている」

初めて見たとき、思わず声がでた。

「動いてるねえ。筋肉が虫みたいでしょ」

そばにいた人が驚いただろうと、からかうように言った。

バシャバシャバシャと水が流れ落ちる音に先導されて、ズズーン、ズドドーン。伊沢商店のカシラがシュートから落ち始めた。隣の宮崎商店の息子の真彦が、カシラを運びはじめる。ここでは、いくつもの作業が同時進行するため、お互いに仕事を分担したり協力したりしてこなしている。

宮崎さんのマーちゃんこと真彦の真似をして、カシラを持ち上げてみる。

重い。すべる。カシラと格闘しながら、角を持ってようやく胸に抱き上げた。

「ここを持つんだよ」

軽々と作業をこなしていたマーちゃんが教えてくれた。カシラをひっくり返して、角を下にして置く。首の付け根の内側左右に、細いがしっかりした顎の筋肉の束が見える。

「持つときにはね、この左右の筋肉のどちらかに指をかけて持ち上げれば滑らないんだよ」

教えられたとおりにすると、なんとかカシラは持ち上がった。だがやはり重い。カシラは大きなものだと二〇キロもあるという。水と脂で濡れた床はすべる。長靴を履いた足で、バランスをとりながらヨッコラ、ヨッコラ。内臓の荷でどこもいっぱいになった各商店の間の通路を歩く。

私がカシラをひとつずつ、やっと運ぶ傍らで、マーちゃんは両腕にカシラを提げて、さっさと運んでいく。細身の長身を白い作業着に包んで、斜め掛けした前掛けの紐がしなやかな背を走っている。腰にまいた幅広の革ベルトにナイフと棒ヤスリをさして身ごしらえした姿は、颯爽としている。

彼の邪魔になっていると知りながら、カシラをひとつふたつ、みっつと運ぶ。私の体中にある力を、全部しぼりだしてカシラを持ち上げ運ぶ。

酸素が胸いっぱいに入ってくる。きれいな空気が血液を巡っている。酸素が胸の奥まで入って体の底まで行きわたる感じがする。

またカシラを運ぶ。また胸に酸素が入ってくる。

カシラの重さが胸に酸素を送り込むポンプの役をするように、カシラを運ぶたびに清涼感が体に行き渡った。これまで知らなかった感覚だ。スポーツ好きな人は、一所懸命体を動かした後、こんな気持ちを味わっているのだろうか。

見回すと作業場のあちこちで、すでにカシラを運び終わった人たちが、肉の部分を切り出すカシラおろしを始めていた。

桜さくら

中央線電車が御茶ノ水に到着する。スピードを落としながら駅のホームに沿って進み、おもむろに停車した。

ホームに降りると、線路をへだてて駅舎と平行に流れる緑色の神田川の水面が目に入る。「あれは江戸城の外濠である」と子供時代に習った。深い緑色の動きの少ない水面は、お堀ときくと納得がいく。

その水の上に両手を大きく広げてうつ伏せになった人の姿が浮かんでいた。男性らしい。白っぽい服の背中と頭がわずかに上下しながらゆっくり下流に運ばれて行く。下半身は水の中だ。

誰も気づかないのか、神田川に目をやる人も、指さして声をあげる人もいない。私は駅員をさがした。

「人が流されている」

私が指し示す方を見た駅員は、あわてて事務所の方に走っていくと、すぐに数人でホームに戻ってきた。浮かんだ人の方を見ている。間もなく、神田川の上に水色の小型船が現われた。小さく波紋を描きながら水に浮かんだ人の側に近づいていった。


「それをずっと見ていたのですか」

自宅の居間である。ラジオから交通関連のニュースが低く流れている。コーヒーをひとくち口に含んで飲み干すと、同居人の夏目くんが私をからかった。

「そう。目が離せなかったから。あのね。ホームの向かい側に電車が入ると神田川が見えなくなるじゃない。その時は、その電車に乗って、反対側のドアのガラス越しに見ていたの。発車ベルが鳴ると飛び降りてね」

「すごい野次馬。暇だなあ」

切れ長の目があきれたという表情を浮かべている。

「そうね。確かに暇と言えば暇だったのよ。神田の古本街に行くつもりだったから。でもね、そんなふうに神田川に人が浮かんで、水上警察の船が、その遺体を引き揚げようと竿でひっかけているのに、駅のホーム上の乗降客は全然気がつかないのよ。不思議だった」

「みんな忙しいんだよ」

「ちょうどお昼休みのころよ。朝とか夕方じゃなくて。そんなのんびりした時間でも、みんな周りも見ないで移動しているのかしら」

「君の野次馬根性が、際立っているだけさ。事件じゃなかったんだろ」

「ええ。事件じゃなくて事故だったらしいわ」


母方の祖父はA級戦犯として、昭和二三年（一九四八年）十二月二三日に処刑された。その日は当時の皇太子、平成の世の天皇の誕生日である。遺体は火葬にされ、遺骨はその日処刑された七人分一緒に東京湾に捨てられたそうだ。

最近はやりの「海に散骨」という話を聞くたびに、私の頭の中で「海に捨てられる」と変換される。

毎年、クリスマス・イブの前日に天皇誕生日が訪れる。会うことのなかった祖父の絞首刑の画像が脳内に映し出される。両手に手錠をかけられたままだったそうだ。袋を被せられた首にロープが巻かれ足元の床が突然外される。体が宙に浮き、おそらくは首の骨が折れてぶら下がり、死体となったのだろう。

数年前に父と母が相次いで死ぬまで、戦犯の祖父をそれほど意識していたわけではなかった。父や母は、私を囲む垣根だったのだろう。両親が居なくなって見晴らしがよくなった。私はなんだかけわしい崖の上に立って過去を見ている。足首には、いつの間にか持ち重りのする鎖が巻き付いて私をどこかにつないでいる。

いつごろからだろう。私は事故の現場によく遭遇するようになった。私が乗る電車は、しばしば事故で止まった。

終電車で帰宅途中のことだ。突然急ブレーキがかかった。

少し間があって、

「人身事故のためしばらく停車します」

車内放送が流れた。

終電車は意外に混雑していた。終点も近いのに車内の座席はほぼ埋まって、立っている客もいる。ドアに寄りかかって、暗い外を眺めている人も多かった。その人たちがざわめいた。

暗い中を、懐中電灯を持った鉄道会社の男たちが走りまわっている。電車の窓から漏れる灯りが、血の気が失せた運転士らしい男性の顔を照らした。

それから何度も続けて、乗る電車が人身事故に遭遇した。駅のホームに立っていて、貨物列車が轢断した遺体を引き出す様を目撃したこともある。誰かと一緒の時はない。私がひとりで行動している時ばかりだ。

私は、母の弟から聞いた話を思い出していた。

「おれのオヤジ。つまり君のじいさまは、植民地支配の責任者だったから現地の人たちにすごく恨まれていた。その子孫だと知れたら、今でもたぶん八つ裂きにされるぐらい恨まれているんだよ」

「おじいさまは、温かい方だったんでしょ」

「家族から見たら、温かい思いやりのある父親だったよ。でもそれと植民地で起きたこととは違うから。終戦後、中学生だったおれは戦災で焼けなかった大磯の家にいた。朝早く、数人の男たちが父を連れにきてね。父は着替えると『かあさんを頼むな』と言って、ちょっと笑って普通の表情で連れられていったよ。巣鴨の拘置所には、なんども会いに行ったけどな」

祖父が責任者をしていた植民地で起きた膨大な数の無残な死。

そうか。私は恨まれているか。恨みを買っているか。世界の色彩が無くなるような気がした。

ラジオが話している。

「桜が満開になっちゃって」

お天気キャスターが言う。

「開花したと思ったら、あっという間に満開だねえ」

と相手が受ける。

「開花後三日で満開になりましたからね。ふつうは一週間かかるのに」

「趣というものが無いよね。まだかなあと楽しむ間がない」

「あとは散るだけって？　ははは。今年の桜はピンク色が濃いって言われていますでしょ。咲きだしてから満開までが早い年は、花色が濃いんです。満開まで日にちがかかると白っぽくなる」

「それにしても天気予報の番組は桜の話題ばかりだね。桜さくら」

「はははっ。桜の話をすると聴取率がいいんですよ」

「桜の樹の下には死体が埋まっているって。今はもうそんなこと言わないのかなあ」

そんな嘆息とともに話題が切り替わった。

ラジオにつられて言葉が出た。

「根元に死体を抱えて、桜の樹は花を咲かせるのね」

そばにいた夏目くんから笑いを含んだ返事が戻ってきた。

「この世が死体だらけに見えるのは、あなただけじゃありませんよ」


芝浦に通いだしたころ、私はフリーランスのライターで、いくつかの雑誌・新聞に主として働く女性向きの記事を書いていた。

人に会って話を聞くことは面白かったが、短い取材時間で企画意図に沿った話だけを、手際よく聞いてまとめるやり方に、物足りなさや寂しさを感じるようになっていた。それ以上に、私自身が「何を知りたいのか」がわからなくなっていた。記事を書くために何が必要かはわかる。誰に何と何を聞いて、何を確認すれば記事になるかはわかる。でもそれは自分の知りたいこととは違う。

私は「納得」したかった。なにを納得したいのか。少なくとも自分がなにかをわかったと思いたかった。なにかを理解したうえで、きちんと「仕事」をしたかった。

旋盤工として働きながら『春は鉄までが匂った』『粋な旋盤工』など仕事の現場を作品にしている小関智弘の真似をしたかった。

引き受け手になってくれたのは、牛の内臓を専門に扱う業者の伊沢真澄だった。

最初は一週間だけのつもりだった。それが、七年間にもなったのは、芝浦が類いまれな、抜け出せないほどの魅力があったからだ。

当時から書きたい思いはあった。でも自分の目が見ているものを、文字にできなかった。偏見の残る屠畜解体の現場で働く人々の姿をオープンにすることに反対の意見が強かった。筆力も不足していた。取材相手を利用することになるのだろうかという迷いも消えなかった。

それでも書くことをあきらめられなかったのは、芝浦の現場に私を受け入れ働かせてくれた人が死に、私が芝浦に通うことの危うさを指摘した父も死んだからかもしれない。

決して忘れたくない記憶を保存している人という入れ物が消えていく。

人は自分の居る場所から世界を見ています。居る場所によって、見えるものが違いますよね。

わざわざ言わなくとも、みんなそれぞれ自分の居る場所から見える世界を見ています。そこから見える景色で世界を理解しています。

ある場所に行かなければ見えないものがあります。ここでは見えないものが、どこか違う場所では見えるかもしれないのです。どこに行けば見えるのか。

見たい、見たい。世の中の動いている場所に行って、一番前で見たいのです。野次馬なのです。それは「のぞき見である」、「悪趣味だ」と非難されることなのでしょうか。

私は何かがわかりたかったのです。何をわかりたいと思っていたのでしょう。

われわれとは何者なのか。私は何者なのか。この社会はどうやって存在しているのか。

子供のころから、ずうっと漠然と抱き続けている素朴な思いです。

確認会

桜が咲いて、桜が散った。

「花見の季節になると、肉が売れる」

伊沢さんがよく言っていた。

芝浦屠場は人の背丈よりも高いコンクリート塀で周囲をかこまれ、中がのぞめないようになった大きな空間だった。

そのなかに平面的にも立体的にも、そして時間的にも、いろいろなものが凝縮されて存在していた。

私は門から中に入っていく時、透明な皮膜をくぐるような、柔らかな膜を押しながら水の中に入って行くような感じがしていた。

芝浦に通いだして五日め、横浜の港南屠場で差別図書の確認会があることを知った。屠場労組の確認・糾弾会における妥協のなさは聞き知っていた。私はその会に参加したかったが、部外者は参加させないものだとも聞いていた。

その日、仕事が終わった後に伊沢さんに話してみた。

「聞いてやるよ」

伊沢さんが言った。

仕事着を着替えると、「ついて来て」という伊沢さんに従って、東京都職員の控室に向かった。いつもどおりジーパンにスニーカーの伊沢さんは、職員控室のある三階に階段を二段ずつ駆け上がっていく。

「外山は？　外山連れてきて」

三階の控室に着くと、そこにいた職員を捕まえて伊沢さんが言った。言われた男性は、返事もできないほど固まったまま、労組委員長の外山義雄を捜しに飛んで行った。

「はい、なんですか」

まもなくポーカーフェイスの外山がやってきた。

「横浜で確認会があるんだって？　彼女、一緒に連れて行け」

伊沢さんは、いきなりそう言った。私には「聞いてやるよ」と言っていたのに、有無を言わさぬ指示口調である。

外山は黙っている。困惑の表情を顔いっぱいに浮かべている。

「おれらの組合は、誰でも入っていいんだ。そういう組合をつくったんだ。連れて行け」

伊沢さんは、労働組合創設時の中心メンバーだ。芝浦で伊沢さんの言うことに反対できる人はいない。

「それじゃ、みんなと相談して……」

「相談してじゃない。おまえの責任で連れて行け。いいな。わかったな」

翌週の金曜日の午後、私は芝浦屠場の門の前で労働組合の人たちと合流した。ここからクルマに分乗して、確認会会場の港南屠場に行く。クルマのなかはのどかで、まるで遠足気分だ。「あなたのことは、組合執行部メンバーで相談して、みんなの了解がとれていますから」となりに座った組合員が小声で教えてくれた。

品川から河口に近い多摩川を渡り神奈川県に入る。川崎の工場地帯を抜けて埋め立て地の埠頭にある港南屠場に着いた。一時間かかった。建物が新しく清潔だ。

港南屠場は自治体の直営ではなく、地方自治体出資の公社形式になっている。現場で働いている人達は全員組合員だという。会場にも数十人が詰めかけていた。

出版確認会

立会
東京都　五人
横浜市　五人

出版社
第一出版局長　旧文庫責任者　堀内
出版担当取締役　文庫責任者　岡本
（六年前　第一出版局長）
翻訳部署責任者　杉山
営業局長　旧総務局長　亀田

東京芝浦屠場労働組合
外山委員長　松田書記長　他執行部役員計八人　組合員一五人
横浜港南屠場労働組合
稲田委員長　　他執行部役員計五人　組合員二〇～三〇人

明るい小ホールの前の方に細長い机を並べて出版社からの人たちが四人こちらを向いて座っている。目立たない壁際には立会人の東京都と横浜市の職員が五人ずつ座っている。対するように向かい合って芝浦から来た組合執行部役員が八人、組合員が一五人ほど。横浜からも執行部役員五人、組合員が二～三〇人、座っている。

「屠場は残酷だとか残忍だとか比喩的に使われて、とんでもない人間が働いているように描かれます。どこからもそれをおかしいと指摘する声もなくて、働いているわれわれが、思い余って指摘することになります」

労組書記長の松田実が話す。この日の確認会は大手出版社から出された翻訳小説に対してだった。

事前に松田から教えてもらったところによると、小説やマンガで屠場がひどい扱いで描かれることは頻繁にあるという。小説・マンガなどを出している著名な出版社、新聞社の多くが屠場差別の案件を抱えている。あまりに件数が多いので対応しきれない。見ないようにしているほどなのだと松田は苦笑していた。

「屠場の仕事を隠しておきたいわけじゃない。ただ、言えば差別があることが、わかっています。全国の屠場の数は約四〇〇、働いているのは家族と合わせても十万人と少ない。言えば友人関係にもヒビがはいったりする。できれば言っていきたい。言えない状態のままではまずいのは感じています」

労組委員長の外山義雄が続ける。

「見学者用に映画をとりたいということがあったが、我々はしんどいんです。食肉市場で働いているというのがわかると困るんです。差別がきつい。それに対して『とんでもない』と立ち向かえる人と、できない人がいる。映像が差別じゃなくても、観る側が差別することがある。築地の市場には小学校から見学にいくが、ここにはこない。野菜や魚はいいけれど肉はだめだ。

ある大学生が見学して、ああひどい仕事だ。これじゃ差別されてもしかたがないと言った。差別があるというと、ああやっぱりと確認する人がいるのです」

出版社からは、本を書いた著者や翻訳者本人ではなく、担当部署の責任者がきていた。出版物に対する確認会では、こうしたかたちが多いらしい。

ダークスーツにネクタイをしめた出版社の翻訳部署責任者・杉山が下向き加減で話し始めた。

「この本は三年前に出版し、今回文庫として出したばかりなのですが、芝浦屠場の松田さんに連絡を頂き、何ページのここを読んでみてくださいと言われて……。すぐに開いて見て絶句しました。

なぜ、ここにこの〈屠殺場〉という言葉があるのか。六年前にも問題をおこして十分反省し、わかったつもりでいたのに。身にしみて恥ずかしく思いました。気を付けてはいたのです。だから〈屠殺場〉ではなく、〈屠殺人〉となっていたら使わなかったと思います。

人には気をつけていたが、場所には思いが及ばなかった。自分を責めたい思いです」

「人を殺すのに〈屠殺場〉という言葉を使うこと自体間違いで、皆様にご苦労ご迷惑をかけました」

出版担当の取締役で文庫責任者の岡本が続けた。

今回の著書では、作中に屠場が登場するわけではなく、人がむごたらしく殺される場所を比喩的に「屠殺場」と表現していた。

「出版までに何人が本を見るの」

松田が聞いた。芝浦の現場見学のときに案内人になってくれた松田は、ふだん通りのあっさりとした物言いだ。

「編集担当者が見て、校正者が見て……編集責任者も見ます」

「なぜ屠殺場なんでしょうね」

松田がたたみかけて聞く。

「原文で四カ所は屠殺場を示す〈ザ・スローター〉となっています。通常、屠殺場は〈スローターハウス〉なのですが、ここではすべて〈ザ・スローター〉が使われています。キリングゾーンとなっているところも屠殺場と訳しています。これらを訳するのに、配慮がたりなかった」

翻訳責任者の杉山が答える。

「配慮とかの問題なんですか。適切な表現だと思ったんでしょ」

「あまり実感がないから使ってしまったと言うこともあると思うのです」

杉山が言ったところで、

「六年前、何勉強したんだ！　ここに来て見学したじゃないか」

屠場労組組合員席からするどい声があがった。

港南屠場労働組合委員長の稲田の冷静な声が続いた。

「うちらが、自分の仕事について、変な仕事をしていると言われても、あなたたちは平気でしょう。だけど、うちらは、それじゃ生きていけないんだよ。結婚差別うけて自殺した者だっているし、子供が学校でいじめを受ける例だってあるんですよ。

あなたたちは六年前に事件を起こして、『わかりました。差別の問題がわかりました』と言ったのでしょう。だけど、わかってないよ。全然こちら側に立ってないでしょう。あのことが血肉化しなかったでしょう」

結婚差別による自殺と子供のいじめは、差別問題で必ず話題に登る深刻なことがらだ。

色白細身の稲田委員長は眉を寄せて暗い表情で出版社の人たちを見た。

「結果としてはそうですが、私たちとしては研修会とかいろいろやって……」

六年前に総務局長として対応し、今は営業局長の亀田が言い訳しようとしたところで、

「ひとつひとつ検証しますか」

稲田委員長がピシャリとさえぎった。

「あれ以来ここにこないでしょう。ああ終わったでしょ」

松田も言う。

「ここの組合の人とは会っていないですね」

大柄できれいに陽に焼けた亀田営業局長が言った。

「じゃ、他の屠場に行きましたか。あなたみたいな人なら、他のことでも間違いを起こすよ。民族問題とか障害者問題とか。講師を呼んでなんとかじゃなくて、直接相手に聞くしか理解の方法はないでしょ」

と稲田がたたみかける。芝浦の外山委員長が言葉をひきつぐ。

「事件解決主義というか、事件さえ治まればいいみたいな受け取りができちゃうんですよね。そもそも差別事件について、自分として、あるいは会社として、どういう姿勢で臨ん

でいくのかという基本がないんじゃないですか。あなたの発言からは特にそういう感じがします」

「そんなことはないと思ってますがね」

亀田がふてくされた表情になった。

「あなたはそうおっしゃるけどね。おさまりがついてどうのこうのと言われると、それじゃおさまりがつかないように、ずうーっとこういう形でやっていこうかとこっちは思っちゃうんですよ」

外山委員長が言う。

「おさまりがつくという言い方じゃまずいんだな」と亀田。

「言い方の問題じゃないけど。そもそもの発想のなかにどうやって……」

「解決していく……」

亀田がわかっていますと言わんばかりに続けた。

「解決じゃないんですよ。どうやって向き合っていくのかという発想がないんですよ。あなたには」

外山が言った。

「あなたはそもそも、今日何しに来たの」

稲田がいらだったような声をあげた。

「私は、前から差別問題に総務局長として研修をやったり、対外的に講師を呼ぶ役をやったりしていましたので、そういうことを必要に応じてご説明申し上げようと思ってきました」

「説明しに来たの。それじゃ帰れよ。説明しに来ただけだったら帰れ」

稲田が冷たく言う。

「説明聞きにきたわけじゃないぞ。おれたちは」

芝浦の組合員の席からも声が飛ぶ。会場が少しざわついた。

「この間、松田さんたち四人の方とお会いしたときに、この六年間何をしていたのか、それをゆっくり聞かせてもらいたいということだったので。それであれば責任者である亀田から申し上げた方がいいだろうということで……」

出版局長の堀内が亀田に代わって発言した。彼は六年前には文庫の責任者として係っていた。

「その前提はなんです。なぜ説明しなければいけないの。あなたたちが差別図書をまた発行したからでしょ。そしたら説明の前に話があるでしょ」

　稲田が言うのを受けて堀内が話しはじめた。

「屠場側から見ると、こちらが社内的に何もしてこなかったように見える。そこを聞きたいとおっしゃったので。六年前に問題解決してから一度もわれわれがここを訪れなかったというのは、間違いない事実ですが。社外でのゼミナールには出ていて、私としては屠場の方と多少でも心が通っているような感じは持っていました。

　それから別の話ですが、たまたま今年新人研修の中で、こういう問題を担当しました。その中では、屠殺場、屠殺者という言葉を使うとまずいぞとか、トラブルが起きるぞとかいうことではなく、なぜ使ってはいけないのか、使ったらどれだけ屠場関係者が傷つくのかということを、六年前の当事者であったために理解しているつもりでしたので、そこまで踏み込んで説明しておりました。

　それからわずか二〜三週間後に、このご指摘を受けたので、自分としても、ずいぶん偉そうに新人に説明したなと反省しております」

　堀内が少しうつむくように頭をさげた。

「今、私、当事者としてジンジン胸に響くような気がします」

杉山も軽く頭をさげた。

「まだ何も言ってないですよ」

稲田が皮肉に言う。

「いえいえ、ほんとに。ざっくばらんに言うと会社も一生懸命やってきた。それに敏感に変わっていけないダメなやつが何人かいたんだなと。そして私もその中のひとりだった」

杉山が言う。

「そういう言い方はやめましょうよ。それじゃ前に進まない」

稲田がまたピシッと言った。

「今後、私たちがしなければいけない問題として、まず技術的な問題というか、チェック機構の問題というのがあります。精神的な問題、心の問題がもうひとつ大きな要素としてありますが、言葉をあつかっているので……」

岡本取締役がまとめにかかった。

「今後の問題以前に、果たして六年前に残された問題というのは、なんだったのだろうかということについて、お互いに共通認識をもつにいたってないんじゃないですか。

片方では、会社は別に悪くなかった。ひとりひとりの個人が悪かったのだと言ってるしさ。それだったらこっちは会社に言ったたって何も解決しないでしょ。一方ここに説明しに来ましたと言ってるヤツもいるし」

稲田が話を引き戻した。

「あやまりに来たんです」

亀田があわてて言った。

「あやまって済む問題じゃないと言われてるんでしょ、今。以前問題起こしてて、なんで今回、また同じ問題起こすのかという話になってるんでしょ。

問われていることは、機構的にどうなのかとか、技術的にどういうものを使うべきなのかということではなくて、おたくらひとりひとりが、おれたちとどうやって向き合うかが問われてるわけでしょう。

それを技術がどうの、チェックがどうのと、そんな話ばかりでしょ。そんなことで何年か前にやり、今度もやって。こういうゼミナールやりました。研修やりましたといわれても、全部アリバイ的なことにしか聞こえないんですよ。問われているのは中味だ。その辺は一体なんなの。みんな何も言わないですね」

「私の気持ちとしては、また同じことの繰り返しをやっても言い訳にすぎないのではないかと、そう思えて言い出せませんでした」

岡本が言う。

「自分自身の気持ちを含めて、やりきれなかった自分はなんなのかという深いとらえ返しがないでしょ。ただ困っちゃった、困っちゃったでさ。

そちらはそれで済むかもしれないけど、こちらは差別があって、毎日の生活の中で自分も言われるし、子供もいわれるかもしれない。そんな不安のなかで暮らしているわけです。こちらは生き死にの問題なんだ。それをどう考えているのか全然わからない。伝わらない。

今回の問題だって、あなたたちが頭にズキーンときたのは、『ああ、また差別問題起こしちゃった』でしょ。屠場労働者がどんな痛みを感じたかじゃない」

「いや、こんなことはやってはいけないと思っていることをやってしまったという」

と亀田。

「同じですよ」

冷たい表情のまま稲田が言った。

自宅に戻って伊沢さんに電話をした。

「相手が、屠場労組の言い分を本当に理解しようとしているのか、ただこの場をおさめようとして、悪かった反省していると言っているのか、私には判断がつきませんでした」

「そうか」

伊沢さんは、静かな声で、それだけ言った。

「芝浦には、若いやつがたくさん来て働いていたが、こいつはもつかな？　もたないかもしれないな、とおれが思ったのがひとりいた。それが、今、屠場労組の委員長をしている外山だった」

翌週、現場の事務所で伊沢さんが話し出した。

「あいつが来たころは、まだ牛をハンマーで叩いて倒していた。顔を見れば、そいつが楽しんで働いているか、つらいのを我慢しているか、わかりますよ。

子供の時から屠場に出入りして、ここを遊び場みたいにして育った子なら平気だけれど、外から来ればなかなか慣れない。外山の受け持ちの仕事は、きつい仕事だった。

以前、馬のたたき場だった所を使って『ひきこみ』という仕事をしていた。ひきこみというのは手綱を持って牛を連れてくる。あのころの牛は、言うことをきかない。動いてくれない。それを引いたり押したりしながら、たたき場に連れてきて、ハンマーでたたく時に手綱を持って、牛の目を手でかくして、じっとしている。

今のようにピストルじゃない。炭鉱で使うツルハシのような道具で叩くんだからね。一発で仕留めればいいけれど、たたき損ねることだってある。外山は下向いてつらそうな顔をしていた。

あいつは、学生運動の活動家として芝浦に入ってきた。それがハンマーでたたかれる牛の手綱を持っておさえている。つらかっただろうな。

それから十年ぐらいたってからだ。屠場の新施設が完成した。オンレールになって、ひきこみ作業がいらなくなった。よかったなと、ほっとしたよ。よくがんばった」

伊沢さんの、よく光る目玉の奥をのぞき込めば、今でもその頃の外山の姿が、映りこんでいそうだった。

数日後、ボイル場でハチノスの皮むきをしていると、佐々木貴行がドウコウを手に下げてやってきた。ハチノスは牛の胃袋の一部で、表面が蜂の巣状に六角形が立体的に並んだ形になっている。これを熱湯につけた後、表皮を金属のへらでこそぎ落とす。

佐々木は仕切りの壁際に並ぶ作業台に仕事道具を置きながら

「伊沢さんのとこで、なにやってんだよ」

と声をかけてきた。

「センマイの脂とり、センマイ洗い。大腸さき、ハチノスの皮むき、カシラ肉のそうじ…」

思いつくままに、答えると、

「いやなことばっかりさせられてるじゃない」

顔の片側だけで笑いながら言った。

「えっ、そうなの？　でもそれぐらいしか私にできることがないから……。佐々木さんはどうしてずっと芝浦にいるんですか」

最初に現場で佐々木を見かけたときから、気になっていたことを口に出した。

伊沢さんに聞いたところによると、彼はまだ大学一年生のときに、大学祭の催しが屠場差別であると糾弾されたことをきっかけに、屠場に入ったそうだ。催しは豚の頭を並べて踊り騒ぐ、悪ふざけのようなものだったらしい。

佐々木は背筋がきれいに伸びていて、幸せな家庭で育ったことを感じさせる。

「政治色のない、なんにも知らないかわいらしい男の子だった」

と彼の学生時代の先輩が佐々木について話すのを聞いたことがある。そのころ似たような事情で、多くの学生たちが芝浦にやってきて、数日間現場を体験しては帰って行ったということだ。

だが佐々木は大学を中退し、芝浦に居続けている。それから約二〇年がたつ。

「おれは、もうここが生活そのものだからね」

佐々木はいつものクールな表情を見せた。これ以上、その話をする気はないぞと全身が語っている。

学生運動の時代から芝浦に居続けるひとたち——組合委員長になった外山義雄、書記長の松田実、そして佐々木貴行。小物（豚）の方にはアイヌ民族支援運動から入った千葉敬、加藤全などがいました。

彼らの姿は、芝浦という塀に囲まれた世界に外気を届けているように感じさせたものです。

話は逸れるかもしれないのですが、私には忘れられないことがあります。このころ出張で行ったバンクーバーでのことでした。

日本企業の海外支社で働く人たちを特集する記事の取材でした。数日間の予定もほぼ済んで、現地の担当者と打ち上げとなったときのことです。

彼は、長くアフリカで食料支援に当たっていたのだと言いました。日本を含む各国がアフリカに多くの食料を支援しています。だが飢餓に苦しむ現地の人たちの元にはなかなか食料が届きません。その原因を調べたりしていたというのです。そこでわかったことは、食料はちゃんと目的国の港に届いていたのです。ただその食料を届いた港から内陸部の食糧難の地域まで運ぶ手段がなかったのです。そして、そうした調査をした人はこれまでにも何人もいて、報告も何度も出されていたのです。それなのに問題の解決にいたっていないということでした。

彼はその当時、希望してバンクーバー勤務になったばかりだったということです。

「結婚して子供ができましたから。バンクーバー、きれいだし安全だしいい街ですよ。でもうそっぽいでしょ。ぼくはアフリカが好きですね」

彼が言いました。

そんな彼に、今芝浦の解体現場に見習いで通わせてもらっている。そこには学生運動のころから居続けている人たちが何人もいると告げると、ワッとハンカチに顔を埋めて泣いたのです。泣き止まないほどに号泣したのです。

彼が泣いたわけは教えてくれませんでした。

でも、もしかしたら彼も大学時代に学生運動をしていて、芝浦で働くようになった人たちのことを知っているのかもしれないと思いました。志をまげずに今も闘い続けている元の仲間たちのことを思って泣いたのかもしれないと感じたのです。

伊沢さんのはなし

「伊沢さん、あなたのことを教えてください」

現場から控室にもどると、毎回のように私は伊沢さんに頼んだ。

外階段を登ったところにある古ぼけた内臓業者の控室だ。牛の係留所に近い三階建ての建物には、二階と三階それぞれに廊下を挟んだ両側に数室ずつ事務所兼控室がつくられている。

控室のドアを開けると壁沿いに細長いスチールロッカーが一〇本ほど並んでいる。窓際にひとつ伊沢さんの分だけ事務机と椅子がある。あとは真中に五～六人が囲めるような古い大きな木の机がひとつ置かれ、丸椅子がいくつかあるだけだ。余分なものは使わなくなった道具などなにひとつ置かれていない。

「おれの話って、なにを話すんだ。別に話すようなこともないよ」

事務机の自分の椅子に腰かけると、伊沢さんはくるりと椅子をまわしてこちらを向いた。伊沢さんの斜め前に、丸椅子を持ってきて私も座った。

伊沢さんはとまどったような表情をしながらも、ぼそぼそと聞いたことに答えてくれる。

「芝浦に初めて来たのは、昭和二九年の十一月だったな。二〇歳のときだ。それまでは大田区の森ヶ崎の鉄工所に勤めていたんですよ。羽田飛行場のそばの工場地帯だよ。そこで大型旋盤の仕事に就いたのだけれど、半年で給料が遅配になるようになったんですよ。不景気な時代でね。

そのころ下宿していたのが、いまの女房の実家で。女房とは遠い親戚の間柄なんですよ。その父親が芝浦に勤めていたんだ。

工場が倒産しかかっていて、働き場所を探していると言うと『鉄工所がだめなら芝浦に来ないか』と、内臓業者の関根商店を紹介された。関根商店の社長と女房の父親とは、新潟の同じ町の出身なんですよ。当時の関根商店は従業員が十三人いて、内臓業者では一番大きかった。

芝浦に来た初日に、挨拶して、その日から仕事だったんだよ。牛の目玉がゴロゴロしていて驚いたな。

初めての仕事はセンマイ洗いだった。抵抗を感じたな。東京まで出てきて、なんでこんなことをしなくちゃいけないのかって。

田舎にいたときは、肥料の堆肥にさわるのもいやだった。それなのに芝浦ではクソの中に手をつっこんで内臓を洗うようなことをするんだもん。なんてことだろうと思ったよ」

わかるだろうというふうに伊沢さんは、苦笑いした。

大腸小腸など白モノと呼ばれるものが二階からシュートでおりてくる所のそばにセンマイの洗い場があります。コンクリートつくりの四角い水槽は、古いタイプの家庭用風呂桶ぐらいの大きさ。そこに水をはって、切り出したばかりのセンマイを洗うのです。

センマイは牛の第三胃で、全体が無数のカーテン状ヒダでできています。そこに消化途中の穀物など泥状になった胃の内容物がびっしりヒダとヒダの間にはりつき挟まっています。各商店の作業員たちが何人も一緒に水槽を囲んでセンマイを洗うから水は黄土色に濁ってドロドロです。

初めてこのセンマイ洗いをしているそばを通った時には、私も内心あれはやりたくないなと思ったものです。すぐにやることになりましたけどね。

「芝浦に初めて来た時には、一日メシが食えなかったって言う人がいるけど、おれは一日なんかじゃない。一週間メシが食えなかったよ。それでもやめなかったのは、頼るところがなかったからな。親がいないし。だから強かった。それに結局、ここは気楽だったのかもしれない。豚を蹴っ飛ばしていれば仕事が終わるのだから性にあっていたんだな。

慣れって恐ろしいもので、ま、生きていくためには何でもやらなきゃしょうがないってハラを決めた。それぐらい昭和二九年から三一年ぐらいまでの就職難は深刻で、使ってもらえればいいという感じだったんだ」

伊沢さんは、当時のことをひとつひとつくっきりと憶えているようだった。それをぼそぼそと、でもていねいな口調で話してくれた。

——当時は朝飯の弁当、昼飯の弁当と二つ持っていく。朝五時ごろから出ていって、まず貨車から豚の追い出し、牛の引き降ろし。両方毎日やっていた。

豚はみんなで木の枠で挟んで逃げられないようにして、みんなで追いながら降ろした。木枠は戸板の幅を少し狭くしたぐらいの大きさだ。牛は一頭ずつひいて降ろした。

ひと仕事して弁当を食べる。それから引き出した牛を八時半ぐらいまでに並べる。あの当時は、牛や豚を農家から買いつけてくる博労さんから直接買う枝肉の問屋さんがあった。その問屋さんから内臓屋は内臓を買うんだよ。

あのころ屠場の中で、事務所を構えている内臓業者なんてひとつもなかった。それでも関根商店は内臓業者としては一番大きかったから。牛が屠畜場に登っていく階段の下に、物置がふたつあったんだよ。そのひとつを借りて、机を置いて事務所代わりにしていた。本当の土間だ。囲炉裏をおいて煮込みを作ったり酒盛りしたり。今では考えられない昔の屠場だった。

関根商店では、五年も辛抱すれば、のれん分けすると言われていた。その時の一か月の給料が三〇〇〇円だった。ほかに日曜日に特別出勤すると五〇〇円手当がついた。ご飯を食べさせてくれて酒を飲ませてくれて。当時は日曜日でもいろんな仕事があったから、よく働いた。ほとんど休みなく働いたよ。

慣れてくると、住めば都じゃないけど、いいなと思うようになったもんな。仕事を任されるようになると、おれが下宿していたところのオヤジさんも、給料だけでは大変だろうから少し商売した方がいいよって教えてくれた。芝浦で買った内臓をよそで売るとかアルバイト的に商売したから金も入った。

芝浦のなかは、人間関係もうまくいっていた。みんな親戚関係とか、故郷が同じだとか。家族のような感じだった。獣魂祭という牛豚の供養祭の時は、漫才の芸人を頼んで、土俵を作って相撲をとったりした。

それ以外でも、昔は年一回、秋か冬の寒くなるころに解体の競争があった。牛一頭丸ごと、ひとりで解体し時間を競った。支えるとか持つとかぐらいは手伝うが、あとは全部ひとりでする。腕を競い合ったもんだ。

たいていの商店は、月に何回かは煮込みをつつきながら一升瓶を立てて酒を酌み交わす。関根商店では毎月一日と一五日には、飲めるだけ酒を酒屋からとって、みんなに振舞っていた。いくらでも飲めるだけとってたね。今も一五日にはビールを買ってるでしょ。あれは昔からの習慣だ。あれだけは今も続いている。でも、昔の方がそういうのは多かったね。

あのころは、みんな実によく遊んだ。夜通し遊んで明け方近くに戻る。横になって眠ると、起きられないから、たたみに座ったまま膝を抱えて眠ったもんだ。

飲んでバクチして、ケンカして。それでも仕事はちゃんとした。おれが仕事に出てこないと、関根のオヤジが高輪警察や大崎の警察をさがしまわって、もらい下げにきてくれたもんだ。仕事は休んだことないもん。だから仕事に出てこなければ、またケンカしてつかまったなって。警察にさがしに来てくれた。

おれは元来器用な方ではないけれど、気力は人一倍ある。やろうと思ってからのおぼえは早かった。おれが関根商店に入った時に先輩が十数人いた。それなのにオヤジさんに信頼されたのかな。三~四年で商店の番頭というか販売の主軸になった。すべて任されるようになった。

おれが任されるまでは、そうした仕事はオヤジが自分でするか、息子がしていた。オヤジはもう歳になり、息子はあまり仕事が好きな人じゃなかったからな。

性格的に人との付き合いはうまくできた。今みたいに牛や豚の頭数が安定しているならそんな必要もないけれど、当時は、今日五〇頭あったと思うと次の日は三〇頭、その次は八〇、九〇。バランスが取れてないから、ドンと入ったときはどこに売り先を決めようかとか、やり方で非常に苦労した。そういうことがあったから、今は人の性格まで見抜けるようになった。いろんな経験をしたよ。

オヤジから仕事を任されて小遣いももらえる。だからおれは給料もらって封切ったことないもん。いや一度だけあるな。バクチで負けて。それ一度だけ。まあ給料を当てにしないでも小遣いが十分に持てたってことだな。

番頭になって、少しゆとりができてからは遊んだ。他所での商売はしなくなったけどね。

どこの商店も、オヤジさんより番頭の方が客に受けがいいもんだから、番頭を立てて取引をしていた。ちょうど年恰好も同じだから、おれと鳥海兄弟、高崎なんかの番頭クラスが遊び仲間で、飲んで歩いたり、バクチしたりだ。

当時は番頭クラスになると、仲買のひとからワイロっていうか付け届けがずいぶんあった。内臓そのものが売り手市場だったというか、足りないぐらいだったから。みんないい内臓をもらいたいからね。

今だから明かすけど、おれなんかも結構もらった。その代りいいものを優先的に渡してたからね。そんなことがまかり通っていた。金回りのいい親分気取りで飛んで歩いていたんだよ――。

芝浦が、重層的な時間の中にあることは、ほとんど何も知らない私にも感じられるようになっていた。ここは歴史が積み重なった場所なのだ。

芝浦での一週間が終わって、すぐ本来のライターに戻らなければならなかった。ギリギリ延ばしてもらっていた取材を始める。

目的地に向かう新幹線の中で、自分がそこにいることが不本意であるような気がした。取材の間中、必要最小限しか口をきくことができなかった。誰とも話をしたくなかった。自分の中の世界が包みきれないほどいっぱいに膨らんで、それを持ちこたえているだけで精いっぱいだった。

ライターという仕事が私は好きだった。原稿を書くことはつらいけれど、取材で人の話を聞く時は、いつも集中できた。それなのにこの時は、ただボーッとしていた。そのボーッとした頭のなかに、伊沢さんや芝浦の人々の立ち働く姿があった。

東京に戻り、新宿駅まで来たとき、山手線の「品川方面」と書いた表示が目に入った。胸がきゅっとして、泣きたいような気がした。

当時、リクルートが創刊した求人誌『ガテン』の大きなポスターが、駅のホームや通路で目についた。

すその開いた幅広のズボンを足首できゅっとしぼったニッカポッカタイプの作業着姿の男性たち数人が並んで、腕組みをしてこちらをにらみつけている。その胸に「働いて強くなる」のキャッチコピー。建築、土木、工場など現場の仕事に特化した求人誌だった。

働いて強くなる――。

その言葉が素直にこころに届く気がした。

芝浦に通うことで、本来の仕事に使える時間は少なくなった。締切をこなすために夢中で原稿を書いた。これを書き終ればまた芝浦に行ける。そう思うと元気が湧いた。

芝浦に行くようになった最初の頃は、毎月、月初めに一週間ずつ通っていた。少なくとも一週間は続けて行かなければ仕事をおぼえられない。一～二年たち少し慣れてからは、毎週一日ずつ芝浦に通い続けた。

たたき場

「しばらく暇だからね。一時間ぐらいどっかで遊んできていいよ」

伊沢さんが言った。内臓業者の作業場では、すさまじく忙しくなるかと思うと、順番待ちで、仕事が途切れることがある。

「入っていいかな」

牛の係留所で、忙しく牛の追い込みをしている職員に訊ねると、大きくうなずいてくれた。牛と並んで狭い入口から「たたき場」に入る。一九八〇年代まで、牛は柄の長いハンマーで額をたたいて倒していた。そのため牛を銃撃する場所は、いまでも「たたき場」と呼ばれている。正式には「銃撃室」というらしい。

作業の流れの関係で、たたき場はどこでも牛の係留所の隣にある。係留所からたたき場に入るところは、牛が一頭ずつやっと通れるだけの狭い通路になっている。通路の行き止まりがたたき場だ。

たたき場は、牛の頭の高さの壁で前面と左右両面の三方を仕切っている。牛が入ると後方の仕切りが上から降りてきて、牛は囲い込まれた形になる。

銃撃の担当者は、階段を五～六段上がって少し高くなった場所で作業する。担当は五〇代の村山孝雄だった。村山は、ゆったりした動作で牛の手綱をとった。引き金のない太い筒型のピストルに火薬をこめると、角に結わえつけてある番号札のついたロープをナイフで切り取る。

左手の分厚い手のひらで、牛の両目をそっと覆うと、手早くピストルを額にぴたっと当てて撃った。村山の動作は俊敏であるのに、おだやかで静かだ。銃撃音はズンと低く響くだけで、まわりの機械音に紛れてほとんど聞こえない。

この銃は、弾がピューンと飛んでいくのではない。筒型の銃の先端を対象に強く当てることで、棒状の芯がピストンのように突き出る。屠場で使うピストルは、いくつかの型があるが、芝浦のものはずんぐりした筒型で、いわゆるピストルの形はしていない。直径七～八センチ、長さが三〇センチ。二・八キログラムの重量。ずっしり重い鋼鉄製だ。二二口径なみの威力で、床のコンクリートを打ち砕くほどの破壊力があるそうだ。引き金式でないのは、たくさん撃つため、引き金を引いていては指が疲れてしまうからなのだと聞いた。芝浦ではこの頃で毎日三六〇頭、数年後には三六五頭の牛がきていた。牛は一頭一分のペースで、たたき場に入ってくる。大型の種付け牛や気の荒い牛もいる。そうした牛は、たたき場に追い込まれると、壁に前脚をかけ、上半身を持ち上げて後ろ脚で立ち上がる。太くて長い角のある巨大な頭を振り立てて吠える。蹄をたてた前脚は、壁を乗り越えようとする。興奮した牛は巨大な猛獣だ。

最初の見学のときに、たまたまそうした場面に出くわした私は、狭いたたき場の一番隅まで逃げた。それでも牛の角が迫ってきそうで青くなった。

「どうどう、どうどう」

そんな時も、村山は温かみのある声をかけながら、牛の体を手のひらで叩いてやりながら、淡々と仕事をこなしていた。

「私、芝浦に来るまで、牛がかわいそうで見るのいやだなと思っていた。でも違うわね。芝浦を見たら、かわいそうだと思わなくなった。芝浦の人たち牛のあつかいがやさしいものね」

私が言うと、

「いや、かわいそうだよ」

村山は、力をこめて言った。

「かわいそうだと思っている。いつも、そう思っている。何かあるときには、特にそう思う。子供が産まれる時とかね。もうずいぶん昔のことになるけれど、うちの子が産まれる時、女房はおれの仕事をつらいんじゃないかと思ったな。何も言わなかったけれど……」

「そうなの」

「他にも、忘れられないことって結構あるぞ。競馬の開催中などに、脚を折った馬が連れて来られることが、たまにあるけれど、そのときは大学の乗馬クラブの馬がきた。連れてきた学生の男の子が泣いて泣いて……。おれ『泣くなっ。泣いていたらできないじゃないか』って。泣かれてみろ。つらいぞォ」

銃撃で牛が前脚を折って昏倒すると、側面の壁が、バタンと回転してはずれる。牛の巨体は、ゴロリと五〇センチほど低くなった放血スペースに転がり出る。

待ち構えていた職員たちが、「ヤッ」と、転がり出てきた牛の体を支えて床にねかせる。

この時点では牛の心臓はまだ動いている。心臓が動いているうちに血液を出してしまわないと、肉質が悪くなってしまうのだ。

初めて見学したときに、受けた説明が耳によみがえる。

「銃撃した牛がね、脊髄破壊のときに、ヒョイと立ち上がっちゃうことがあるんだよ。立ち上がった牛の角で、太ももをえぐられて大けがをした人がいる。あそこが一番あぶない場所なんだ」

この放血スペースでは八～九人が仕事をしている。

直径三～四ミリ、長さ二・七メートルほどの「トウ」と呼ぶ金属製のワイヤーを手にした脊髄破壊の担当・遠藤哲夫が、すばやく牛に駆け寄り、倒れた牛の頭を膝頭でしっかり抑え込みながら、ピストルで撃った額の穴からワイヤーを挿入する。これで脊髄を破壊し、神経の伝達ができなくする。

技術指導担当でもある遠藤は、トウの先端をまず三〇センチほど差し入れる。このとき、牛の体全体が大きく痙攣する。ここで牛の頸動脈にナイフをいれる。遠藤は、ずんぐりとした体をかがめて牛の喉から胸まで気管にそってスーッと一直線にナイフをいれた。さらに体を床につきそうなほど低くして、ナイフをにぎった腕を肩まで深く牛の体に差し入れる。どっと真っ赤な血が吹き出す。

その後、さらに額のトウを深く挿入していく。牛の体が痙攣してガクガクとゆれる。その都度、頸動脈からゴボゴボと、泉が湧くように血液が盛り上がってくる。その血液を見習いの新人がポリ容器でくみ上げる。

熟練した腕前の遠藤が扱うと、トウはするすると引き込まれるように額の穴に入っていく。二・七メートルほどのトウはきれいに脊髄に挿入されてしまう。

見習いの新人たちが、ちょうど石油用のポリ容器の端を切り取ったような容器を首筋の血管のところにあて、血液をすばやくくみ上げ血液の貯蔵所に流し込む。

牛は体温が高く三九度ぐらいある。血液もさわると熱く感じる程だ。体をかがめて牛の首筋から血液をくみ上げ、走って貯蔵所にあける作業を繰り返す彼らは、汗びっしょりだ。

「暑そうね」

作業の合間にタオルで汗をふいている新人に思わず声をかけた。

「暑い！　長靴に汗がたまるんだよ。逆さまにすると流れるの」

「えっ。まさか」

「本当だよ。ほらっ」

彼は、その場で長靴を片方脱ぐと、手で胸のあたりまで持ち上げて、逆さまにひっくり返した。ジョロジョロジョロと、水が流れ出した。

「すごーい。長靴のなか、ビシャビシャじゃない」

「そう。ビシャビシャのジャボジャボ」

このところ毎日、ずっとそうだよなと口々に言っている。

「おれ、芝浦の四代目！」

胸を突き出すようにして見せながら、新人のひとり秋山駿が自己紹介してくれた。

「そう、こいつ四代目」

そばにいた同僚たちが合いの手を入れる。

「えっ、芝浦では三代目が一番古いのかと思っていた」

「内臓業者の方は、三代目が一番古いのかな。ここでは、おれが四代目。ひい祖父さんの代から来ているんだ」

秋山はやや小柄で、色白の顔にメガネをかけている。メガネの中の眼が朗らかに笑っていた。

この場所で首の部分の皮を切り顔の皮をむいて、右後ろ足に鎖を巻きつける。スイッチを操作して吊り上げ、二階の解体作業場までぶら下げていく。ケーブルカーのようにローブにぶらさがって登って行く牛の下にくっついて、階段で二階に登った。

初めて見学した時も、この階段で、二階の解体現場にあがったのだ。労働組合書記長の松田実が案内してくれた。十二月の寒い日だった。

解体現場は湯気で真っ白だった。

高い天井から何十頭もの牛の巨体がずらりと連なって下がって、作業場の周囲を囲んでいた。その牛から乳白色の湯気がたちあがり、場内を満たしている。それに加えて作業で使う水と湯が、湯気を濃くしていた。

皮を剥ぐエアーナイフや、背割りをする電動ノコギリの機械音が響き、忙しく体を動かす作業担当者たちの姿が見えるのだが、なんだかとても、ゆったりした感じがする。ちょっと地中海地方の古代神殿を思わせる荘厳な雰囲気だ。

「やっ、来たな」

労働組合の長老・富岡重蔵が、作業台の上から私たちを見つけて笑いかけてくれた。

違うなと思った。思っていたのとどこか違う。確かにここでは血がたくさん流れている。牛が死ぬ。結構すさまじいけれど、なんだか自然で心落ち着くものがある。

あの日、見学を終えた私は門のところまで来て、ぼんやり立ち往生していた。

食肉市場の門のそば、守衛所の前にあるロータリーに夏みかんの樹が繁っていた。濃い緑色の葉の繁みの間に、ずっしりと重そうな金色の実がいくつもぶらさがっていた。その金色に輝く夏みかんの実を眼に映しながら、門から外に出て行きたくないと思っていたのだ。

このまま門から外に出てしまうと、今見たものが、まぼろしになって消えそうだった。今確かに見た芝浦の作業場のことは、ガラス玉のような眼の表面に映っただけで、場面が変われば消えてしまいそうな気がした。私の中にきちんと定着しないで、ただ「見た」という記憶だけが残って、この感じを「忘れてしまうにちがいない」と思ったのだ。忘れたくないと強く思っていた。

「血をぶっかけられたのか?」

内臓作業場に戻ると、伊沢さんが眉をしかめて聞いた。

えっ?　それまで気がつかなかった。自分の作業着を見ると、肩から胸、背中のあたりまで一面真っ赤に汚れていた。

「いいえ、牛がぶらさがっている下を通りぬけてきたから」

「ふうん。悪いやつがいるからね。気を付けてよ」

伊沢さんが言うと、

「ハッハッ。血をぶっかけて遊んだよなあ」

となりで、ナイフを軽やかに動かして作業していた大月幸紀が大声で笑った。芝浦の内臓業者草分けの三代目。健やかに伸びた手足を躍動させるような仕事ぶりだ。

「昔ね。映画を見に行くだろ。映画館で場内が暗くなってから、空いている椅子の上に血を塗りたくるんだよ。そうすると後から遅れて入ってくる奴は気づかないで座るだろ。映画が終わった後、入り口で見ているんだよ。席に座ったやつが出てくるのをさ。笑ったなあ」

と、伊沢さんの方を見る。

「ここには悪いやつらがいるからね」

伊沢さんも苦笑している。昔は伊沢さんが悪いやつらの中心だったに違いない。

仕切りの向こう側のボイル場で、湯がボコボコと沸騰して湯気を上げていた。

作業場は、どこもじっとりと水と脂でぬれている。水蒸気が水滴になって、天井からぽたりぽたりと落ちてくる。

ピースボート

芝浦への道が開かれたのは、ピースボートに乗ったからだ。

まだ早稲田大学の学生だった辻元清美たちが企画した「世界の紛争地帯を見に行こう」をキャッチフレーズにした平和の船ピースボートに、夏休みを使って急遽参加した。

ベトナム戦争、カンボジア内戦などの戦跡を一か月かけて巡る船旅であったが、私が参加できたのは序盤の一週間だけ。企画を知ったのが出発直前で、お金も長期休暇のやりくりもつかなかった。

それでも初めての船旅だ。新幹線で神戸まで行き、神戸港出向の英国船籍コーラルプリンセス号に大喜びで乗り込んだ。

船上では連日連夜、音楽会やら学習会やらのイベントが行われていた。五日め、最初の寄港地フィリピンに着いた。そこでマニラの巨大スラム・スモーキーマウンテンを歩いただけで、旅を続ける一行から離れ、飛行機で帰ってこなければならなかった。

芝浦の話をきいたのは、その船のなかだ。

「いま一番妥協しないで戦っているのは、芝浦屠場の労働組合だ。最近はどこの運動団体も物わかりがよくなっている。だが芝浦は違うぞ」

そんな言葉が耳に残った。話していたのは、グループで参加していたどこかの労働組合の人たちか。紛争地を取材しているというカメラマン氏か。

妥協しないで戦うとはどういうことか。なぜ戦えるのか。だいたいどんな職場なのか。船を降りた後になって、ひどく気になりだしたのだ。

芝浦を記事にするあてはなかったが、伝手をたどって見学を申しこんだ。

「大丈夫ですかね」

現場に入るときに案内役の労働組合書記長の松田実が、こちらの顔を見ながら少し心配そうにした。

「大丈夫じゃなきゃ困るでしょ。みんなが働いている仕事場なんですもの」

突っ張ってみせた。

「そうなんですけどね。これぱっかりは現場に入ってみなくちゃわからない。高いところと同じでね。登ってみて全く平気な人と、どうにもダメな人がいる。解体現場もそうなんですよ。このあいだ見学に来たテレビ局の人なんか勇ましい男性で、これは大丈夫だろうと思っていたんですけどね。現場を見たら歩けなくなっちゃった。すいません、すみません。ちょっと待ってって言いながらへたりこんじゃったんですよ」

へえ。少し心配になった。松田が出してくれた白衣を着て長靴をはく。髪をまとめてヘルメットをかぶった。

松田の後ろについて現場に入る。

作業の様子に見入っていると、

「大丈夫みたいですね。全く大丈夫ですね」

松田が安心したように声をかけてくれるのが聞こえた。

働かせてほしいと意思表示をしてから実現までの三カ月間に、私は何度も伊沢さんのうわさを聞いた。伊沢さんというのは、けた外れのとんでもない人なのだと。

特にそのイメージを伝えたのは、解体現場見学の案内をしてくれた松田実だ。松田は当時三〇代なかば。東京芝浦屠場労働組合のなかでただひとり、現場担当ではなく事務職だ。長めの髪と清潔感のある身のこなしがまだ学生っぽい雰囲気を残していた彼が、伊沢さんを語る調子は、いつも畏怖と畏敬が混じりあっていた。

「おれらが初めて芝浦にきたころ……」

松田はところどころで、その風貌と似つかない言葉づかいをした。おれら…うちら…。彼と芝浦の仲間たちの結びつきを感じさせる表現だ。

「伊沢さんに、服の襟首をつかまれてねぇ。うん、猫の子のように、服の首っ玉を後ろからつかまれて、ブルンブルン振り回されたんだよ。『おまえら何しに来たぁ』って。すごい迫力で。おまえたちの勝手にはさせんぞって。こわかったなあ。そのころは、伊沢さんの姿を見つけると、あわてて逃げて回ったものだよ」

当時の伊沢さんは、それはもう颯爽とした男で、芝浦の広大な敷地の中で働くおびただしい数の男たちを率いるボスだったという。

「言ってもわかんないだろうけどさ」

そんな言い方で、話をする年配者もいた。

かつて芝浦には激しい労働運動の嵐が吹き荒れた。厳しいストと交渉をくり返しながら要求を実現していった。何頭もの牛を乗せた大型トラックを門の前に数珠つなぎに停めて、一歩もひかない交渉を続けたという。

「芝浦というのは、何でも起きる場所なんだよ。奇跡のようなことでも起きる。それを起こすのが伊沢さんなんだよ。伊沢さんというのはケンカとバクチが好きで、手のつけられない乱暴者で、かつ最大のリーダーなんだな。存在が大きすぎて、みんな伊沢さんには何も言えないんだ」

私が通い始めた芝浦は、それらの闘いが終わり落ち着いたあとだったのだ。

冷やし中華

「じゃ、終わりにしようか」

伊沢さんが声をかけてくれたのは、昼を少し過ぎたときだった。現場に入って、数時間しかたっていないのに、とても長い時間が流れた気がした。

ドラム缶に石鹸を溶かした湯をためてあるところに行って長靴と前掛けを洗う。いつの間にか、長靴には脂がべとべとにくっついている。前掛けも血と脂で赤黒く汚れている。

伊沢さんの真似をして、前掛けを外してドラム缶の湯につける。手拭いで汚れをこすると、前掛けはつるりと汚れがおちる。すっかりきれいになった。

長靴は、デッキブラシで洗う。お湯の温かさが長靴越しに足に伝わる。底に脂がこってり付いている。降り積もった雪の上を歩いた時の靴底のようだ。

「最近、親父さんの具合はどうだい」

ドラム缶の脇にいる脂屋さんに、伊沢さんが声をかけている。


伊沢さんと並んで、門を出た。

「冷し中華食べようか」

「はい」

食肉市場そばのラーメン屋に入る。店の人とは顔なじみらしく、「やあ」と挨拶している。壁に、中華そば、チャーシューメン、モヤシそば、と品書きが貼ってある。さほど広くない店は、昼食時で込み合っていた。作業着姿の男性客が目立つ。

私は冷し中華が、実はあまり好きではない。麺を箸でつまみながら、すぐ目の前で麺をすすっている伊沢さんの顔を見ていた。伊沢さんは肌が象牙のように白い。眉は薄い。くっきりした二重瞼の下のよく光る瞳は灰色がかっている。鼻が高い。半分白くなった硬そうな髪を、短めにきれいに整えている。

一見したところ精悍さばかりが目につくが、よく見ると端整で、ノーブルな容貌をしている。

そんなことを思っていると、

「ゆっくり食べてて。おれ行くから」

さっさと冷やし中華を食べ終わった伊沢さんが、伝票を持って立ち上がった。麻雀に行くのだ。私は食事場所に置き去りになった。

「ゆっくり食べててねって言って、伊沢さん、自分はいつもさっさと先に遊びに行っちゃうのよ」

自宅に帰ると、私は同居人の夏目くんに話す。夏目くんは、興味深そうに聞いてくれる。

「それからね。いつも同じものを二つ注文するのよ。ふつう、それぞれ好きなものを頼むでしょう。例えば、あなたはおそばを注文して、私はうどんにするとか。伊沢さんは、必ず二人同じものを頼むの。なんとかでいい?って聞いて。

今日なんかね。『天ぷらそば食べようか』って言うのね。私天ぷら食べたくなかったから『私はもりそばの方がいいです』って言ったら、つまんなそうな顔してもりそば二つ注文しているの。天ぷらそばともりそばを一つずつ注文すればいいのにね」

夏目くんはおかしそうに笑いながら、

「あの年代の人は、そんなものかもしれないよ」

と言った。

そうかなあ。私の今まで知っている人たちは違うけれどなあ。

私は伊沢さんに聞いた話を思い出していた。


伊沢さんは昭和九年東京の神谷町で生まれたそうだ。神谷町とは港区の旧町名で現在は虎の門になっている。その名は地下鉄日比谷線の駅名としてだけ残っている。四人兄弟の三番目だという。

「父親は電気配線の仕事をしていたそうだが、おれが三歳の時に死んだんですよ。盲腸の手遅れだったそうだよ。山梨の人間だということだが、山梨のどこなのか、行ったことがないんだ。探してみたいと思ったこともあるんだけどね。そのままになっていて、どんなところなのかわからないんだよ。

母親はおれを連れて再婚した。四人兄弟のなかで自分だけが母親に再婚先まで連れて行ってもらったんですよ。かわいがってもらっていたのかなと思わないこともないよ」

その母親も伊沢さんが七歳の時に、お産で死んでしまったという。

「親に育ててもらったのは短い期間だが、かわいがってもらったことは覚えているものだよ。遊園地に行った記憶なんかがあるもん」

兄弟はそれぞれに親戚に引き取られた。伊沢さんは一旦は日本橋博労町の伯母に引き取られた。伯母の家は裕福で子供がなかったため、自分の子供のように育てるつもりだったようだ。

「でも、おれにしてみれば、なぜよその家に引き取られて生活しなければならないのか、納得できなかったんだよ。その頃おれは、もうすでに手のつけられない悪童だったもんな。夜になっても伯母の家に帰らないことがしょっちゅうで。博労町は問屋街なので梱包用のムシロなどがたくさんあったんですよ。そうしたものにくるまってゴミ箱で眠ったもんだ」

伯母に持て余された後、母方の祖父に引き取られて、埼玉県北埼玉郡の祖父の家に連れて行かれた。関東平野の真中の農村地帯だ。生活環境が一変した。

「見渡す限り畑で家がまばらにしかないんだ。それまではずっと街中に居たから、とまどったよ。夜はほんとに真っ暗なんだよ」

祖父は、畑を耕す一方で醬油屋をしていた。当時は醬油を自分の家で作っているところが多かった。そうした家をまわって醬油絞りをするのが仕事だった。

「じい様は性格のきつい人で、なにかというとすぐにおれを殴るんだよ。他の家族の手前もあるのか、おれには特に厳しかったな。

でも田舎にもいいところもあったんだよ。春、桑の葉に陽があたって透けて見えて、あの季節はきれいだと思ったなあ。春に雨の降った翌日が一番好きだったな」

小学六年の八月、終戦になった。その年、祖父が死んだ。一週間寝込んだだけだった。

「死ぬ前に、祖父はおれひとりを枕元に呼んで言ったんだ。真澄、おまえも人に踏まれぬ一人前の者になった。もういつこの家を出て行ってもいいぞってね。

中学校は、家の仕事の手伝いで休んでいるうちに行かなくなってしまった。類は友を呼ぶというか、同じような境遇の友達三〜四人と悪さばかりしていたな。畑にはスイカが落ちている、瓜が落ちている、梨も落ちている。農協の倉庫には米もある。神社や寺の屋根の銅板を剥がして売って、酒を飲んだりもしたもんだ」

農家の仕事は嫌いだったが、よく働いた。上手に牛を使って田んぼを耕した。冬の農閑期には、東京に出てビル工事の現場や都電の枕木交換の仕事をした。

「昭和二九年の梅雨の頃、おれは家を出たんだよ。育ててもらった分の恩は働いて返したと思ったからだ」

伊沢さんは二〇歳になっていた。雨の降る日だったそうだ。布団を一組背負って番傘をさして、バス停留所まで畑の中の長い距離を歩いて行ったという——。

サナダ

私が芝浦に行き始めたころからだろうか。モツ鍋の人気が出て、一時はブームにもなった。それまであまり一般的でなかったモツが、スーパーやデパートの食品売り場の棚にも並ぶようになった。このモツの主材料が牛の小腸で、芝浦ではシロと呼んでいる。

この時は、浜口商店の平井と田部井が小腸を脂肪から取り出す作業をしていた。小腸処理作業は、二人が一組になって行なう。ひとりが小腸を脂肪から切り離し、もう一人が小腸を切開して内容物を出し束ねるのだ。

カエルの解剖授業の記憶や人体模型などから想像して、腸というのは、筒状のゴムチューブのような臓器が折り畳まれて、そのまま腹腔内におさまっているのだろうと思っていた。ところが実際に見る牛の腸は、クリーム色の大量の脂肪にしっかりとくるまれている。両腕でも抱えきれない程大きな脂肪のかたまりだ。

平井が、脂肪にくるまったままの小腸を腰の高さほどの作業台に固定した。脂肪は健康そうで、清潔な光沢を放っている。平井は、ひょろ長い体を折り曲げて中腰になり、脂肪と小腸の間にナイフを当てる。脂肪は、ナイフの刃が当たると、パチパチと弾けながら丸みのあるクリーム状の断面を現した。

脂肪から小腸を切り離す作業は、毛糸の編み物をほどく様子にそっくりだ。平井は、右手のナイフをほとんど固定したまま、左手をリズミカルに動かして、小腸を切り離していく。四〇メートルもある小腸を端から順に、断ち切ることもなくきれいに取り出していく。

ここで、小腸は、つぶれたゴムチューブに、バターをまぶしたような姿になる。横に控えた田部井が、すかさず小腸を切り開いて内容物を出し、平たい帯状に仕上げる。手慣れた二人の連携作業は、水際立っている。

この小腸処理作業は、内臓業者の仕事の中でも熟練した技術が必要なもののひとつだ。私は、この作業の場所を通るたびに見とれていた。

その日、いつものように見ていると、小腸を切り開く作業をしている田部井のナイフの先から黄色く平べったいヒモ状のものが出ていた。小腸を切り開いても、切り開いても、黄色いヒモは途切れず続いて、足元に数メートルの長さで横たわっている。ヒモはところどころナイフでちょん切られて、パラパラと小片になって散り落ちているがもともとは全部一本でつながっている。

これは――体がこわばるのを感じた。やっぱりいたんだ。

「この黄色いの、なあに」

こわごわ確かめてみた。

「これがうわさのサナダくん」

田部井が、骨ばった手で、作業のナイフを動かしながら教えてくれた。ナイフの先からは、サナダムシの長い体が現われ続けているが、少しも動じる気配はない。

「今シロ（小腸大腸）が品不足でしょ。だからおまけにサナダムシがついてきたんだよ」

一緒に仕事をしている平井が、少しおどけて声を合わせた。

サナダムシの体の色は、小腸の内容物と全く同じ黄色だった。ただ異様にくっきりしている。床に流れて広がるクリーム色の脂肪と、水状の黄色い腸の内容物の間に、ひときわくっきり紙テープのように平たいサナダムシが横たわっている。

ところどころナイフで断ち切られているが、長さは全体で七～八メートルだろうか。幅は一・五〜二センチぐらい。よく見ると体は細かい横筋がはいっている。無数の体節からできているらしい。このひとつひとつが、また成長して親虫になるのだろうか。

先端と末尾は徐々に細くなっていて、一番先は糸のように細い。有鉤条虫、無鉤条虫……牛のサナダムシはどちらだっただろう。図鑑で見覚えのある特徴的な頭部を思い出しながらよく見たが、先端はあまりに小さくて、どちらが頭で、どちらが尾かもわからない。この長大な体躯の頭部の、あまりの小ささが不思議なほどだ。

それにしても、写真でもホルマリン漬けのビン詰でもない、生身のサナダムシに、こんなふうに対面するとは思わなかった。

私の中学時代の保健体育の教師は、実に話のおもしろい年配男性だった。日焼けした顔に、ずんぐり太めの体形。言葉に特有のアクセントがあって、それが語りのリズムになっていた。

その教師の、得意な話題のひとつが寄生虫だった。彼の語るサナダムシの話は強烈だ。主人公は彼の叔父のひとりらしい。この男性は美食家で無類の食いしん坊であったそうだ。

「宴会などでは、ごちそうが並んだテーブルをぐるっと見回し、メイン料理の肉や魚の一番おいしそうなところにさっと座る。そんな食い意地の張った男だった」

この彼が、ある日トイレで悲鳴をあげて助けを呼んだ。排泄のあと、変なものがお尻からぶら下がっている。紙でつかんで引いてみると、ズルズルといくらでも出てくる。ひっぱっても、ひっぱっても終わる気配なく出てくる。サナダムシなのだ。

「駆け付けた奥さんは、ホウキでたぐりながら、そのサナダムシを巻き取ったそうですよ」

教師は、「ホウキでこうやって」と、両腕を大きく動かして、その様子を演じて見せながら話を続けた。

「サナダムシは、体長一〇メートルにもなるんですからね。こんなのに寄生されたらたまらん。その上、こうして出てきても、頭は体の中に残っていて、必ず頭の手前でプツリと切れる。頭には鉤や吸盤がついていて、腸にしっかりくっついている。そしてしばらくするとまた元通りになるんです」

こんな話のあと、この教師は、牛、豚やサケ、マスの生肉からサナダムシは感染するという講義も忘れなかったから、私は決して生の肉は食べるまいと決心した。以来、ステーキは炭になるぐらいよく焼いてもらう。マス寿司もあきらめた。心底サナダムシが怖かった。

その後、少し安心したのは、サナダムシがマイナス六度以下に冷凍すれば生存できないと知ったからだ。流通過程でこれだけ冷凍保存が普通になっていたら、サナダムシの生息する余地は少ないだろう。

それでも芝浦に来るようになってすぐ、牛の係留所にいた獣医にサナダムシについて訊ねている。その時は「リンパ腺を調べればわかるから大丈夫。今はいないよ」という話だったのだが。

凍りついたようにその場から動けず、小腸さきの作業を続ける人たちと、サナダムシを見続けていた。小腸を切り開く作業は、田部井から山田に代わっていた。

私が作業を見つめる目つきが、いつもより真剣だったからかもしれない。

「やってみる?」

山田が声をかけてくれた。

実は以前から、小腸を脂肪から切り離す作業や、小腸を切開するこの作業をやってみたくて仕方がなかった。だがこれはスピードを要求される流れ作業なので、モタモタしていると品物がつかえてしまう。私が手を出せることではないと我慢していた。

それなのにこんな時に声がかかるなんて。

「難しいでしょ」

逃げにかかった。

「大丈夫。できるよ」

山田は親切だ。

うん、ここでイヤだなんて言えないよな。サナダムシがいるからできないなんて言ったら、もう来るなって言われちゃうよね。

ナイフの先にサラシを巻きつけ、小さな玉をつくった。切っ先で余計なところを切らないためだ。

膝を折ってしゃがむと、平井が手繰り出す小腸にナイフをいれた。

「左手で小腸を引きながら、右手のナイフの先を細かくしゃくりあげるようにする」

側にいた大月が私に怒鳴った。いつも伊沢さんの隣で作業している大月が、ちょうど通りかかって、初めて小腸切開に挑む私をみつけたらしい。

「ほら左手をしっかり動かす」

大月の声に従い、左手で小腸をつかんで、すばやく手前に引きながら右手のナイフを細かく動かしていく。平井の規則正しく手繰り出す小腸が、私の目の前の濡れた床に溜まってゆく。平井のスピードに遅れまいと必死だ。

作業の流れに乗って手を動かしていると、ナイフが自分の指の先に続いている気がする。ナイフを握っているのではなく、指の先がナイフに変化し、仕事をしているような陶酔感がある。私の動きのままに仕事をこなしてくれるナイフをいとおしいと思う。自分が握って指を差し入れ、切り開く牛の内臓をいとおしいと思う。

私が切り開いた小腸にサナダムシはいなかった。

「サナダムシがいた」

伊沢さんの所に戻って言った。まだ興奮で頭がぼんやりしている。

「ふうん」

帳面つけをしていた顔を上げて、こちらを見た。

「びっくりした」

伊沢さんの顔を見て言った。

「サナダは動かないから平気だよ。このごろのサナダムシはナイフで切れるんだよね。昔のは切れなかった」

伊沢さんが言った。

「そう?」

「昔は、馬がよくきたんだけれど、馬の腸にはカイチュウみたいなのがいっぱい入っていて、動くんだよ。あれは気持ち悪かったなあ」

「それでも仕事をしたんですか」

「できないなんて言える雰囲気じゃなかったもん」

伊沢さんは真面目な表情で言った。

「そうですよね」


数日後、目黒の寄生虫研究所に電話をした。

サナダムシについて聞きたいと言うと、

「はい、どうぞ。どんなことでしょう」

電話をとった男性が、気軽に応じてくれた。研究員らしい。

「牛のサナダムシは、検査がしっかりしているので現在は大丈夫と聞いていたのですが、実際はまだいるのですね」

「いや、今はほとんどいないはずですよ。芝浦の検査でも、もうずっと出ていないはずです」

その芝浦の内臓処理のところで、偶然サナダムシを見て驚いたと言うと、

「ああ、それは牛に寄生するサナダムシです。人間のサナダムシではない」

人間に寄生するサナダムシは、牛などの筋肉、いわゆる肉の部分にちいさい虫片が入っていて、それに気づかず生で食べると感染するのだという。

「それでは牛にサナダムシが寄生していても、人間にはべつに影響はないと……」

「ええ、全然問題はありません」

ついでにサケ、マスにつくサナダムシについても聞いた。牛については検査がしっかりしているとして、海の魚についてはひとつひとつ検査するわけにはいかないはずだ。

「ええ、マス科の魚にサナダムシがつくのですが、これは今でも地域的にはかなりまとまって感染者がでます。こないだも八メートルぐらいの虫を出した人がいましたが、これはサクラマスからの感染でした」

「予防は、熱を加えるか冷凍すればいいのでしょうか。肉に入っている虫は、よく見れば見える大きさですよね」

「それで大丈夫です。でも、牛肉など霜降りと区別しにくいでしょ。それにサナダムシが寄生しても、べつに大したことないですよ。さっきの人も、虫片が出て初めて気が付いた

そうです。ま、気持ちのいいものじゃないですけどね。私は牛のタタキもマス寿司も食べますよ。マス寿司を食べる時には、ちょっと感染を期待するのですが、まだないですね。

豚肉だけはよく火を通して食べてください。現時点での感染は出ていませんが、もし感染すると豚からのサナダムシは面倒ですから。その他の、牛やサケ、マスからのサナダムシは、駆虫も簡単にできます」

心から礼を言って電話を切った。ひとつ怖くなくなった。

東京の西端の街で

玄関に飾った柳の枝が、芽吹いて花をつけている。

ネコヤナギに似ているがずっと小型だ。蕾が膨らんで銀鼠色の花をほころばせている。

棚の上に置かれた大型のガラス壺に入れた一〇〇本近い柳の枝は、天井に届くほどの丈だ。

まだ寒い時期に植物好きな夏目くんが、花屋から大きな柳の束をいくつも買ってきて時間をかけて活けたものだ。そのすべての枝が小さな節のことごとくにびっしりと蕾をつけ、ふくらんでほころびだしている。

玄関を開ける度に、柳の枝がゆれて花の先から銀粉を部屋の中に吹き入れる。

今、机の前に座って、窓の外に真っ白な富士山が浮かぶ部屋にいながら、芝浦を思う。

牛の係留所が見える。

東京の西の端に住む私の脳は、いつでもあの景色を現出させる。人が生きて目で見るというのは、なんということか。見て感じて頭に刻んだ景色は、目の前に何度でもよみがえる。

芝浦に通い始めてずいぶん長い間、私は自分がなにをしているのか、よくわからなかった。作業場の位置関係がわからない。仕事の手順がわからない。芝浦は入り組んでいて迷路のように見えた。

六万三〇〇〇平方メートルの敷地に、事務棟、市場棟、各問屋の事務所と作業場、牛と豚の係留所、解体作業場、内臓業者の作業所と事務所休憩所、皮革業者の作業所、ケーシング業者の作業所などが点在している。

正門の正面は生体受付所、その先が豚の係留所と作業所、奥が牛の係留場、作業所だ。ぐるりとまわした塀の脇には、三階建ての都職員控室がある。大物（牛）担当一一五人、小物（豚）担当一三〇人の職員が、着替えたり食事をしたりする場所だ。この建物の一階は売店になっている。刃物店、作業着長靴の店、薬局、食堂などだ。

昼過ぎ、各地から牛を積んだ大型トラックが芝浦に着きはじめる。私が現場から上がるころには、係留所ではもう翌日の作業のための牛たち三六〇頭のうちの、半数以上が勢ぞろいしている。

着替えのために控室への外階段を登りながら、牛たちの姿を眺める。係留所の大きな屋根の上では、カラスが数羽遊んでいる。足をそろえてピョンピョン歩く。

目の下を、黒毛牛を積んだ大型トラックが、ゆっくり搬入口へと進んでいくのが見える。

不思議な気分にとらわれる。

芝浦屠場を囲んだコンクリートの塀が、ゆっくりと消えてゆき、はるかな草原がどこまでも広がっているような気がする。

仕事に区切りをつけた男たちが、腰のナイフベルトを外して、のっしのっしと歩いて行く。地面から、陽炎がたちのぼりそうな昼下がり。彼らは、槍一本を肩に戦場を渡り歩く野武士のように、精悍でかつおおらかだ。

「伊沢さん、私のこと何も聞きませんね」

着替えて、門に向かって広い構内を歩きだしていた。

伊沢さんと並んで歩いている。

伊沢さんは本当に、私に何も聞かない。現在の私の仕事のこと、なぜ芝浦に来ることになったのか。家族のこと、どこに住んでいるのか。

「必要があれば自分から話すでしょ。聞いた方がいいのかな」

「いえ、今のままでいいです」

頭上から照りつける太陽が、並んで歩くふたりの影法師を地面に映している。

頭の中で昨夜のことを思い出していた。

自宅の居間である。

「私、伊沢さん好きだなあ」

夏目くんとおしゃべりをしていた。

「ふうん、伊沢さんは、あなたのことをどうなんだろう」

夏目くんが聞いた。ん？　どうなんだろう。私は、人の感情に鈍感なところがある。人の気に障ることを平気でするらしい。気づかないうちに相手を怒らせていることが、何度もあった。

「こんなに手放しで好かれたら、誰だって悪い気はしないと思うけれど……」

心細くなりながら、小声で答えた。

「そうですねえ」

夏目くんが考え深い表情をした。

「この問題は、あなたがやるのがいいと思いますよ」

この問題とは、屠場差別や偏見のことだろう。

「どうして」

「あなたは率直だから」

「そうかしら。でも偏見のかたまりよ」

「ほかの人より少ないですよ」


「伊沢さん、好きだ」

広い構内を並んで歩きながら、言ってしまった。真っ白な陽射しのなか、自分の短い影法師を踏みながら歩いている。

「気が合うのかな」

おだやかな声で伊沢さんが言った。そんな返事が返って来るとは思わなかった。

「驚くほどに、人のことがよくわかる」

私が言った。

「おれも、そういう歳になったんだよ」

「もともとそういう方だと思います」

「そんなことない。若いころは、人のことなんかわからなかった。おれも歳をとって、いくらか人のことがわかるようになった」

「伊沢さん、うちに遊びにいらしてください」

自分の足元を見ながら言った。それしかない。夏目くんに会わせてしまおう。

「行き方がわからないよ」

ちょっと迷っている表情をした。

「駅まで、お迎えに行きます」

その週の金曜日の夕方だった。

「電車に乗ったの久しぶりだから、乗り換えにさんざん苦労しちゃったよ」

改札口で顔を見るなり伊沢さんは愚痴った。いつものジーンズではなく、仕立てのいい紺のスーツにネクタイを締めている。よく似合っている。

街路樹のトウカエデの葉が茂る道を、先に立って歩いて伊沢さんを案内する。

マンションの部屋の入口に二つ並べてある二人それぞれの名字をじっと睨んでから、伊沢さんは部屋に入って来た。壁を埋めた本棚をにらみつけている。

「ふうん。おれんとこなんかとは全然違うな」

無遠慮に部屋を見回した。部屋には本を詰め込んだいくつもの本棚と仕事机、卓球台になるほどの大型テーブルがあるだけで、家具がほとんどなかった。

椅子に座ってもらって、お茶を出しているうちに、夏目くんが職場から帰って来た。

「はじめまして」という彼の挨拶をさえぎって、伊沢さんが咬みつくように言った。

「こんなの、生活っていうのは、こんなんじゃないよ。こんなのママゴト遊びだ」

彼をにらみつけている。

「こいつはおれのことを好きだなんて言いやがった。もっとしっかり自分のおんなにしろ」

胸が熱くなった。こんなことを言ってくれる人がいる。

夏目くんは、私から聞いている通りの伊沢さんが、そのままの姿で登場したので、みとれている。

「こいつはおれの若いころにそっくりだ。どこへでもひとりで行く。おれも人を頼んだりしなかった」

しばらくウイスキーを飲むと、

「カラオケ行こう」

伊沢さんは言った。この部屋では、居心地が悪いらしい。

「いや、今日はうちで飲みましょう」

夏目くんに反対されると、伊沢さんは仕方なくしばらくおとなしく飲んでいるが、落ち着かないのだろう。また、

「カラオケ行こう」

とイスから立ち上がりかける。

「いや、今日はうちで」

彼が吹き出しかけながら、伊沢さんを押しとどめる。

瞬く間に、ウイスキーの瓶を一本開けた伊沢さんは、昔話を始めた。

「当時の仕事は、朝が早かった。夏は三時ごろ、ふだんでも四時過ぎには起きる。牛や豚を積んだ貨車が品川駅に着くから、それらを降ろす仕事があった。

夜中に汽車が品川駅に着く。その貨車を引き込み線で、屠場の所まで押してくる。貨車一台、五〜六人で押すと押せたんだよ」

昔は、生体のほとんどが汽車で運ばれてきた。トラックで運んでくるようになったのは最近だ。汽車には貨車一台に、ひとりずつ人が付いて、牛や豚の面倒をみながら、数日が

かりで各地から運んでくる。九州などからは、一週間がかりだ。そうした貨車の中は、床に分厚く糞や尿がたまっている。発酵して目が痛い。その中に長靴で入って、豚を追い立てる。豚用の貨車は中が二段や三段になっていて、豚が層になって入れられている。なかには死んだ豚もいて、においがひどかった。苦しくて息をするのに時々表に顔を出しながら作業をした。連休前などには、駅の向こうの方まで、貨車が四〇～五〇両つながって並んだ。牛や豚を貨車から降ろしたところで、朝の食事になる。弁当を二食分持ってきていたので、ここで朝の分を食べるのだ。

「酒井はケンカ好きで、長谷川のフミちゃんは女好きで」

伊沢さんは、目を細めるような表情をした。伊沢さんがまだ若かったころ一番仲が良かった遊び仲間のようだ。二人ともすでに死んでしまった。

「酒井のヤツは、ほんとあんなめちゃくちゃなバカいないよ。トラックが前を走っていたら、生意気だ、気に食わないって、オート三輪車で体当たりをくらわしちまいやがった。オート三輪はひっくり返って、あいつ片足を切断してね。それなのにその翌日、芝浦の仕事場に出てきて昏倒した。

義足になってからも、それ以前とちっとも変らない。夜中にオレが家で寝ていると、勝手に入ってきて、枕を蹴っ飛ばして起こして遊びに連れて行くんだから。飲み屋なんかで、通路にこう義足を突き出しとくんですよ。誰かがそれにつまずくと、何しやがるって、ケンカ吹っかける。しょうがない。オレはしょっちゅう、あいつが仕掛けたケンカを、あいつの代わりにしていた。警察にも何度も捕まった」

伊沢さんは、ちょっと笑った。

「長谷川のフミちゃんのお袋さんがいい人で、警察の留置所にいるみんなに差し入れを持ってきてくれた。煮込みとかね。おまえら、そんなの食ってるのか。いいなあって、警察のやつらにうらやましがられたよ」

酒井さんが突然亡くなったのは、よく行っていた韓国料理の店でのことだという。お酒を飲んで酔いつぶれて、そのまま動かなくなった。「オレその時、そこにいなかったんだよ」

伊沢さんは、悔いが残るという表情をした。

話が一段落したとき、伊沢さんはウイスキーのグラスをテーブルに置いて私の方を見た。

「あんたのことは、外山たちから頼まれていたから、引き受ける気になってたんだよ。でも会ってみたら、予想と違ってやわな感じだから、これは無理だろうって思ったんだ。でも大丈夫そうだね」

こちらを見てニヤッと笑った。

「近いうちに一度芝浦の現場を見にこいよな」

夏目くんに言うと
「帰るぞう」

と席を立った。

「決して間違いは起こしませんから」

すっかり酔っぱらった伊沢さんは、玄関を出る前、夏目くんの前に真っ直ぐに立ち、丁寧に頭をさげた。私とのことを言っているらしい。

通りに出ると、パッと手を挙げタクシーを止めた。そのまま芝浦に近い自宅まで帰ったそうだ。タクシー代は一万円を大きく超えたはずだ。


この一か月後、夏目くんの芝浦見学は実現しました。

牛、豚の解体現場を案内してもらった後、内臓処理の作業場で処理作業の見習いまでさせてもらって。夏目くんは実にのびのびと、伊沢さんの指示に従って動いていましたね。

仕事の後はふたり一緒に風呂場で汗を流して。

「おれがシャワーだけなのに、夏目さんはゆったり湯船に浸かって『あーっつ』なんて大きな伸びまでしてるんだもん。あんたはいらないけど、夏目さんなら後継者に欲しいな」

伊沢さんが言ったものでした。

後日談もあります。その後伊沢さんを夏目くんの職場のイベントに誘ってみると、身軽にやってきたのでした。

品川駅地下道

芝浦に出かける日は、五時起きだ。

寝ぼけ眼のままで、トーストにハチミツをつけてかじり牛乳を飲む。服を着替えていると、玄関に朝刊が届く音がする。新聞をめくって見出しだけに目を通し、六時前に家を出る。

「気をつけてね」

パジャマ姿の夏目くんが玄関で見送ってくれた。

まだ暗い。空気が冷たい。

駅の手前で、京都からの夜行長距離バスに追い越された。バスは夜通しヘッドライトを灯して走り続け、今、東京の西端にあるこの街に着いたところだ。ゆっくりと駅前のロータリーを回ってバスターミナルに入って行く。静かな安堵感が満ちている感じがする。

都心行の電車に乗る。電車は夜の続きの暗さを抜けて走っていく。やがてあたりが朝焼けで真っ赤に染まった。

新宿で山手線に乗り換える。もうラッシュの時間だ。ぎゅうぎゅう詰めの混雑で、七時半ごろ品川着。品川駅には三カ所の改札口があった。改札を出たところに品川プリンスホテル、ホテルパシィフィックなどが並ぶ高輪口。京急電車への乗り換え改札口。そして私の向かう港南口（東口）だ。

二一世紀が始まる頃まで、品川駅の線路の下には、港南口に向かう信じられないほど長い地下道があった。

山手線の電車を降りて、ホーム一番端にある東京駅に最も近い階段から地下通路に降りて行く。蛍光灯の灯る地下通路では、改札口に向かう人、乗り換えホームに急ぐ人が行き交っている。頭上には、東海道線、東海道新幹線、横須賀線、京浜東北線それぞれの上り下り、山手線内回り外回りの線路が、敷き詰められている。このあたりは、東京都内で、最も多くの路線の電車が並んで走っている場所だ。

それらの線路に併走して、もう使われなくなった貨物列車専用の引き込み線の線路が多数敷かれたままになっていた。これらの線路の多さが、この地下道を長くしていた。

各電車ホームへ昇っていく連絡階段が途切れると、急に人の姿が少なくなり、太陽光と外気が入らなくなる。通路の幅も狭まり、歩いているのは港南口に向かう人だけになる。それまで人ごみにまみれて隠れていた地下道の壁や床があらわになって視野に入り込んでくる。低い天井、年月を経て汚れたコンクリート壁の無数のひび割れから染み出た水でぬれている床。まるで洞窟のようだ。

全長二〇〇メートルほどの距離とのことなのだが、歩いても歩いても、たどり着かないと思えるほど長く感じる。酸欠になりそうな気さえする。初めてここを通った時は、ひと気もなく間違えて作業用通路に迷いこんだかと、途中で引き返したほどだ。ところどころに、ポツンポツンとともっている蛍光灯がやけに心細い。

この品川駅の地下道が、芝浦への入り口なのだ。

「あの地下道は、おれたちが自分で掘ったんだ」

伊沢さんが、教えてくれた。一九六〇年ごろ、芝浦の人々が駆り出されて掘ったのだという。

「地下道をつくったって、どうせおまえらしか使わないのだからと言われて」掘った土をモッコで担いで運ばされたという。それ以前は、駅の反対側に出て、大きく迂回してくるか、線路の上をまたいで渡ってくるかどちらかだったらしい。

「出来上がった地下道は、みんないたずら半分で石を投げて蛍光灯をわってしまうから、いつも真っ暗だったんだよ。改札口は、駅員がみんなおれらのことをわかっていたから『おーっ』と声かければ通してくれた。切符なんか買ったことなかったぞ」

地下道を抜けると、改札口だけの駅舎を出る。芝浦屠場はすぐ駅前だ。

——あのころは駅から出た途端、すごい臭いさ。あたり一面で血液を干しているんだ。すぐ隣がタンパクという会社の作業場だったんだよ。敷地いっぱいに肥料のような黒砂糖の固まりのような血液を干しているんですよ。

そのすぐ向こうが運河で、その先は東京湾になっていた。運河の脇には、在日韓国・朝鮮の人たちのバラックが密集していて、そこでは、いつもうまいドブロクがたっぷり密造されていた。

駅前のあの辺の一角は、今と違ってまわり中、ずうーっと牛舎だらけだった。いまの大東京信用金庫の建っているところはずっとアキヤマさんの牛舎で、東京新聞の建っているところもそう。近くに松井御殿と言われた松井鹿之助の立派な家があった。ほかにトナミ畜産も場外に牛舎を持って大きくやっていた。ハリヤの牛舎もあったなあ。

あとは朝鮮半島から来た人たちの密集地だった。バーや飲み屋なんかがあって、密造酒作りが日常茶飯事だった。メチルアルコールに黒砂糖をいれて沸かすとちょうどウイスキー色になる。コップ一杯三〇円か四〇円でドブロクと呼んでいた。朝に警察の手入れが入り、ドブロクの瓶をみんなぶち破ってしまっても、夕方にはもうドブロクを売っている。ほんと、すごいもんだよ。

あたりはいつもドブロクのにおいと焼き肉のにおいと血液を乾かすにおいと混じり合っていた。ここは運河と線路に挟まれた別天地だったんだ。

今の水産大学のあたりに進駐軍の駐屯地があったから、アメリカの兵隊もいた。午後の一時か二時になると屠場の人たちは帰ってしまう。芝浦の構内は中が広いから進駐軍相手の女性が兵隊を連れて入って来ちゃうんだ。牛舎の中で昼間から平気でやるんだもんね。芝浦に入って間もないころ何回か見たことあるよ。まあ、ひどいとこだった。夜は酔っ払い。あっちでケンカ、こっちでケンカだもん。兵隊なんかほんとにピストル撃ったんだもんね——。

二〇〇三年の東海道新幹線品川駅の開業にともなって、広々とした駅の東西連絡通路が完成、長い地下道はなくなりました。アトレ品川、エキュート品川などの商業施設もつくられて、通る人々もすっかり様変わりしました。二〇二七年に開業予定のリニア中央新幹線の始発駅になることも決まっています。

タダ働き

「タダ働きの問題がでてくるのもこのころからですか」

聞いてみた。芝浦の屠場は、一九八〇年（昭和五五年）に屠畜解体業務が全面的に東京都の直営になった。それより以前、一九六八年（昭和四三年）に屠場の民間委託の方針が出て、解体にあたる都の職員を削減していったために、問題が噴出したと聞いている。不足した都職員の代わりに、解体業務まで内臓業者の従業員がやらされたというのだ。

――民間委託の方針が出る前から、問題はあったんだよ。タダ働きの話をすると、まず内臓屋っていうのは、どこに最初に利用されたかっていうと問屋さんだよね。内臓を買うために、牛の引き出しから、餌やり、検査、そういうこともやらされる。それがはじまりだよね。

そのうち問屋の中から、そうしたことをすべてやらなければ、内臓を取り上げると言うところが出てきた。それが、タダ働きの始まりだと思うよ。問屋が内臓屋をいいなりに使うようになってしまった。問屋が内臓屋の人手を必要として、問屋の必要な数にあわせて内臓屋をつくってしまった。

問屋が気にいった内臓屋を抱えて仕事をさせて、言うことを聞くやつだけに品物をあげる。ようするに手足のようにタダで使える人間を増やしたんだ。あ、おれもひとり内臓屋を抱えようって感じだよね。だから、六軒もの内臓屋を抱える問屋もあった。そうすれば、自分の仕事は全部、口先ひとつで片付く。それで内臓屋がパタパタパタパタと増えちゃったわけだ。

発端は力の差。品物をやるやらないで、多くの内臓屋を作りだしちゃった。本来解体は東京都の職員の仕事だ。だが、当時、職員の絶対数が不足していた。でも東京都は、内蔵屋が直接解体をしなさいというようなことは絶対言わない。

仕事をはやく進めるために問屋が内臓屋に仕事を押し付けた。内臓屋に解体までやってほしいわけだ。当時の東京都の屠場長なんか、問屋にそう言われれば、できるなら解体まででしていいよって言っていた。そうやって内臓屋は使われてきたわけだ。

おまえたちが屠畜解体をするのは、おまえたちが内臓を必要としているからだと言うわけだ。内蔵屋は問屋に使われ、問屋は東京都のご機嫌とりに解体をしたということになる。おれらが入った当時は、面皮、エリ皮を牛を床にねかせて剥いていた。それからハンマーでの撲殺。そのための引き込みから全部、内臓屋の仕事だった。

作業に協力するのも、それぐらいならおれも許せたんだよ。だけど東京都から屠場を民間に委託するという計画が出た。都の職員に、いまのうちに早く異動の希望を出さないと民間委託になるぞと言って、職員をよそへ配置転換して減らしてしまった。更に人手が足りなくなったんだ。

民間移管する方針が出てからは、牛もこなくなった。それからは、千葉とかあっちこっちに買い出しにもいった。おれたちの作業着は血で真っ黒だよ。その上になにかちょっとひっかけただけで行ったんだよ。今みたいに作業着をしょっちゅう洗ってきれいにしているようになったのなんて、ずっと後のことだもん。

内臓屋は屠畜をやって終わりじゃないからね。処理をして販売をしなければ商売にならない。どうしてもあとの仕事を急ぐ。だからこそ、面皮、エリ皮、胴体の皮剥きからハンマーでのタタキまで何から何まで全部やらなければならなくなった。都が職員を減らすから、どうしてもやらなければならない。問屋からの圧力もある。今だって、手を置いて待っているくらいなら、手伝って速く仕事を進めてもらいたいぐらいでしょ。通常の解体ラインとは別の緊急屠畜に牛が入ると、みんな手伝ってやってしまうでしょ。同じですよ。

それから不満が出て来てはじめたのが労働運動だったんだ──

一九七一年（昭和四六年）に伊沢さんたちは労働組合を結成。タダ働きの解消をめざして東京都と交渉をする。だが内臓業者の従業員たちと東京都の間には、直接の雇用関係がないと相手にされなかった。その難関を打開するために部落解放運動の支部を結成、伊沢さんは支部長になって運動の先頭に立った。

──どうしてタダ働きのような状況があるのか。それは差別の問題があるからではないか。そこを突き詰めなければ戦えなかったんだよ。解放運動の支部として、タダ働き解消の要求を突き付けたことで、ようやく事態が動いた。

当時のタダ働きで、経営者のオヤジさんたちはそれなりに利益を上げたんだ。だからナントカ御殿だのが建った。あの当時の経営者で、ビルなどの不動産を持っていない人はいないんだから。その犠牲になったのは労働者たちだ。朝早くから遅くまで使われて。そのころ問屋の方にも従業員がいたからね。問屋は、経営者のオヤジがいばってるから従業員もいばるんですよ。あそこの牛をこっちへもっていけとか。アレしろコレしろと、指図するんですよ。それがおれは気に入らなくてね。

仕事場で殴ると、おれの方のオヤジが問屋からお小言を頂戴する。店の仕事が終わってからおれがおもてに出て、相手が帰るのを門のところで待っているんだよ。そしてぶんなぐった。一寸の虫にも五分の魂だよ。

ほんと腹の虫を押さえるには、それっきゃなかったね。それでも言いつけられたからね。だけど、おもてでやったものはしょうがねえだろって、逃げ口上は考えたから。中でやりゃあ仕事上の問題になる。

遺恨を持ってる方が強いよ。向うは引け目があるから弱いよ。こっちは頭にきてるわけだもの。そのうち誰も逆らわなくなった。

おれのいた関根商店の社長は、おれが初めて会った時にもう、かなり歳だったし、体もそんなに大きな人ではなかったけど、臓器協同組合の初代理事長で、臓器会社の初代社長だった。新潟の人で入れ墨を彫っていて。会社の社長になるとき、自分で塩酸で消したんだよね。それが火傷のあとのように爛れていた。

この業界の中では、信頼があったんだろうね。まあ、真面目な人じゃないよな。バクチでは教わるところがあったからね。バクチは強かったのかな。おれら以上の遊び人だよ。問屋さんたちも、ほとんどバクチをした。良い牛にあたると、一頭で何十万、はずれると何万の世界だから。毎日毎日の仕事がバクチと同じなんだから。とにかくみんなずいぶん遊んだみたいだよ。

屠場のなかで市場会社の社長って言えば雲の上の人。屠場長っていえば、とにかく頭を下げなければいけないって時代に、そういう人の前におれたち労働者がオヤジさんたちを連れていって、いきなり蹴飛ばしたり、ぶん殴ったりした。ずいぶん派手なことやった。あの当時だからみんなびっくりしたもんね。おれみたいな一介の労働者が、ふんぞり返っている人を蹴り上げちゃったんだから。驚いたでしょう、みんな。

まあ、いろいろあったな。若いって強いよな。ずいぶん無茶したと思うよ――。

伊沢さんたちの闘いは、まず労働区分の明確化と一時金を勝ち取り、事業公社の設立を経て、最終的に一九八〇年（昭和五五年）屠畜解体部門を全面都直営とすることに成功しました。屠畜解体業務に携わっていた内臓業者の従業員のうち、希望者一六六人全員が、年齢にかかわらず都職員に採用されたということです。奇跡のような成果ですよね。

私が芝浦に通っていたころ、都の解体部門で働いていた二四五人の職員のうちのベテランの多くが、この時に都職員になった人たちだったのです。厳しい戦いを、ともに戦い抜いたひとたちだったのですね。

皮屋さん

芝浦食肉市場構内の、内臓業者の控室や冷蔵庫が立ち並んでいる一角に、時々、兵庫県ナンバーの大きなトラックが来て横付けになる。運転席ドアに兵庫県姫路市にある皮革会社の住所と社名が書いてある。全国一の牛皮革生産地から原材料を仕入れに来たトラックだ。

湿った畳のように四角くたたまれた塩漬け皮が、フォークリフトで運ばれてトラックに積み込まれていく。芝浦から姫路に運ばれた牛皮は、そこでなめし皮になり、靴やバッグ、革ジャケットなどの材料になる。

塩漬け皮が運びだされた跡の皮屋さんの作業場は、ガランとして倉庫のように空っぽのコンクリート床だけが広がっている。

その倉庫のような薄暗く見えるスペースで、ひとり動き回っている男性がいた。スキンヘッドをバンダナで包み、紺のTシャツにジャージズボンを身につけている。小さく音楽がかかっているようだ。

踊っている？　見ようとすると彼は、パッと動きを止めて奥に行ってしまった。

「ああ、皮屋の議一郎だよ」

伊沢さんが教えてくれた。

「あいつは、演劇をやっているんだ。だから、ここではアルバイト。でも、もうずいぶん長く来ているな。何年になるだろう。仕事が暇なときにはダンスの稽古をしているんだよ。おれ、あいつの芝居、見に行ったことあるよ。切符買ってあげたんだ。なんだか顔の右半分緑色に塗って、左半分は赤くして舞台で踊っていたよ」

二階の牛の解体現場から階下へ内臓などをすべり落とすシュートは、皮の作業場にも続いている。

議一郎とお揃いの、紺のTシャツにジャージズボン、黒い長靴で身を固めた皮屋さんたちは、芝浦のどの職場よりも体を動かしやすい身ごしらえだ。彼らの仕事は、全身運動そのものの動きの激しさだ。

二階からシュートで流されてきた大きな牛の皮を、毛のついた面を下にしてコンクリートの床に広げる。三~四人の皮屋さんが、一斉に中腰のまま、ナイフを握った腕を伸ばして、皮に付いている白い脂をナイフできれいにそぎ落としていく。「シューッ」と音がしそうな程なめらかなナイフ運びだ。クルマのフロントガラスのワイパーのようにナイフが通り過ぎたあとには、しっとりとした生皮だけが柔らかく光っている。

彼らが手にする皮用のナイフの刃は、柄の付け根部分よりも刃先の方が幅広になっている。皮を傷つけないように、先端も尖らずに丸くカーブを描いている。

屈伸運動のように、両手両足を機敏に動かし、床に牛皮を広げては、脂をナイフの刃でなで落とす。皮をすばやく四角くたたむ。その動作を一日三六〇頭分繰り返す。皮屋さんに中年太りはいない。みなすっきりと身軽そうな体つきだ。

議一郎がいるのは、この生皮に、塩をまぶしていく作業場だ。一旦たたんだ牛皮を再度床に広げて、たっぷりの塩をまぶす。塩まみれになった皮は、見るからに重そうだ。それを、もういちど四方から折りたたんでいく。

作業場の奥から順に積み重ねた塩漬けの皮の山の前で、また、儀一郎が踊っている。背筋をまっすぐに伸ばして、バンダナを巻いた頭を宙から吊られたように立てて、細かい塩の粒子がまぶされたコンクリート床の上でまっすぐ立ったまま独楽のように「回転」している。

この議一郎氏とは、あれから二〇年以上もたった今も、細々と付き合いがあります。演劇活動をしている彼から公演のつど案内が届くからです。

先日、久しぶりに話を聞きたいと思い連絡を取ってみました。

約束の日、JR中央線武蔵境駅の改札口に指定時間よりも二〇分も前に着きました。どうしようかなと、あたりを見回していると、構内のコンビニの前に、見覚えのある男性が文庫本を読みながら立っています。スキンヘッドをバンダナで包み、紺の作務衣をラフに着こなしている議一郎氏でした。

彼はこの数か月前に、三〇年以上勤めた芝浦での皮の仕事を辞めたそうです。初めて自身の話を聞きました。

彼は北関東の出身。高校時代までは剣道をやっていたのだそうです。

「ぼく一年浪人したんですよ。高校時代に一緒に剣道をやっていた友人がいて、そいつが先に東京に出て大学生になった。で、翌年ぼくも同じ大学に入って。当然剣道をやっていると思ってさがしたんですよ。

それでいないなあと思っていたときに、おーい、議一郎と呼ばれてね。彼は剣道ではなく演劇をやっていたんだ。それがおもしろそうでね」

つられて演劇を始めたら夢中になったのだということでした。

「もうほんとに全くお金が無くなって。落ちてたアルバイトニュース見たら、芝浦で募集しているのが目に入ったんです。電車賃もなくて、あのころまだ紙の切符の時代でね。駅に落ちてる切符の日時の印刷の薄いの拾って。改札もまだハサミをいれるころで、なんとかごまかして通ったんです。

芝浦に行ったら、汚いなあと思ったけど。一週間ごとに金曜日にお金をくれるって言うんです。一日三〇〇〇円、金曜日までがんばればいいって思ったんですよね。

帰りも切符拾って帰ろうと思っていたら一〇〇〇円くれた。これでやれるって感じたことをおぼえていますよ」

当時は牛の頭数も少なくて一日二〇〇頭前後だったから、仕事がはやく済んで楽だったのだそうです。

「演劇の公演があれば休んでも、終ればまた行けばいい。そんな職場ないですよ」

愉快そうな表情で言います。

「芝浦にいたころの議一郎さんは、ほとんど口もきかなくて、厳しい表情をしていらしたでしょ」

芝浦での彼は本当に怖いほどにひきしまった表情をしていたのです。

「だって、自分が最後を迎えるときに、まわりがふざけていたり、関係ないおしゃべりしていたらいやじゃないですか。だから……。芝浦がそういう場所なら、自分はずっとそこに居ようって、思ったんだよね」

その後、彼は演劇と皮の仕事を両輪に三〇年以上を過ごしたのです。彼の三人の息子のうちのひとりは、彼の影響なのか演劇をしているそうです。

カシラおろし

芝浦に通い始めて四か月ほどたっていた。

作業が一段落して気が付くと、伊沢さんの作業場で牛のカシラ肉をおろす台として置いてある樽の上に、カシラがドンと乗っていた。すぐ隣の樽にも、カシラが並んで乗っている。あれっ？

「うん、やってみよう」

伊沢さんが、ちょっと笑いながら言った。

伊沢さんは、樽の上のカシラのひとつにナイフを入れてみせながら言った。

「こうやって。同じにやってみて」

安い輸入牛肉が入るようになって、カシラ肉の市場価値は下がりつつあった。だが、牛肉が高価であったころの記憶がまだ色濃く残っていて、どんな細かな肉片も大切に扱われて商品にされていた。

カシラをおろしている姿は、なかなかカッコいい。ビヤ樽を立てて台にした上にカシラを置いてナイフを振るう姿は、どこか祭りの大太鼓を打つ姿を彷彿とさせる。勇ましくて凛々しい。カシラは大きくて角まであるから目立つ。芝浦に通い始めてすぐに、私はカシラおろしの虜になった。

「いつか、三年先ぐらいには、カシラをおろせるようになりたい」。それが口癖になった。カシラをおろせるようになるまでには、何年もかかると思い込でいたのだ。それなのに、まだ四か月しかたっていないのに「やってみよう」と言われたのだ。緊張した。

伊沢さんの手元を見ながら、隣のカシラに私がナイフを入れていく。

「まずナイフの持ち方が違うな。そこは逆手に持って……」

カシラをおろす時のナイフの持ち方を習い、もう一度カシラに刃を入れる。

ふたりが並んで、カシラおろしの手ほどきが始まると、

「カシラおろしやるの」「カシラ教えるの」

口々に言いながら、まわりの業者の人たちが集まって来て人垣ができた。伊沢さんは、

もともといつでも人の輪の中心にいる人だ。伊沢さんがいることで、人に賑わいを感じさせるような人なのだ。

伊沢さんはじっくり時間をかけて、すこしずつ全部おろしてみせてくれた。私もまねをしてとにかくおろした。伊沢さんのカシラからは、きれいに切り出されひと続きになったカシラ肉が、私のカシラからは、ぼろぼろになった肉の切れ端が、取り出された。

伊沢さんは、その後、もう一度新しいカシラを持ってくると、私の樽の上に置いた。

「じゃ、これ、ひとりでやってみて。よーく考えて、思い出しながら、ゆっくりやってごらん」

えっ、もうひとりでやるの。どうしよう。

まわりに、まだ残っていたヤジ馬たちが、ああしてこうしてと教えてくれ始めた。

「よーく教えてあるから。ゆっくり思い出しながらやればできるから。ひとりでやらせて」

伊沢さんは、まわりの人たちの口出しを止めて、私をひとりにしてくれた。

へえー。教え方上手だなあ。改めて思った。でも私は、ひどい方向音痴で、空間把握に問題がある。右と左の判別がとっさにできない。手先が不器用。泣き言が頭の中で渦巻いた。

大きくて真っ赤なカシラは、獅子舞の獅子頭を面長にしたような感じだ。目が大きく開いている。ホースで水をかけて毛やワラくずがついていないように、よく洗う。角を下にして、逆さまの形で樽の上に置き直す。

最初にナイフを入れるのは、アゴの下の部分だ。ここに軽くナイフをあててアゴの下の肉を骨から切り離す。

「この時、気を付けて。歯にナイフがぶつかるとナイフの刃がダメになってしまうからね」

伊沢さんの言葉を思い出しながら注意する。アゴの下の肉を切り離したら、切り離した肉の端にナイフの先で突いて穴をあける。あとの作業で、指を入れて引いたり、肉を吊したりするための穴だ。こめかみの部分に、ナイフの刃を入れ、アゴの上下を外す……。

昼近くになると、解体作業が一段落した二階の東京都の職員たちが内臓作業場の方にものぞきにくる。家族や親せきのいる人もいて作業を手伝ったりしている。私がカシラと格闘しているのをみつけると、また小さな輪ができた。

「大丈夫かあ。無理すんなよ」

富岡重蔵の大きな体があった。

「おー。なによ」

伊沢さんが富岡をみつけて、じろっとにらみつけながら声をかけた。伊沢さんは誰にでも親切だが、誰にでもえばっている。

「レバーのいいところを少し分けてくれないかな。刺身にするんだ」

このころはまだレバーの生食が禁じられていなかった。

「ふーん。どんくらい？」

「一キロもあればいいや」

伊沢さんは、となりの宮崎啓吾のところへ話に行った。伊沢さんの分のレバーは、いつも買い手が決まっているからそこから回すわけにはいかない。

「これぐらいでいいかな」

伊沢さんが、つやつやのレバーを手のひらに乗せて見せた。

「ああ十分。うまそう」

鳥海も来た。

「うわぁ、手切りそう。見てる方がこわいや」

「これぐらいナイフの動きが遅ければ、切ったって大したことないよ」

隣に立った誰かが言っている。

「そうそう、少し上手になったころがあぶない。力が入るようになるから傷が深い」

カシラおろしの手順は複雑だった。私はなかなかのみ込めなかった。毎日カシラと取り組んだが、なかなか上達しなかった。

「ほらっ。またナイフの持ち方が違う。そうじゃない」

そばで見ている大月が、じれったがっていろいろ教えてくれた。

「左手にしっかり力を入れて引っ張って。左手がちゃんと仕事をしていれば、右手のナイフは力をいれなくても、あてるだけで切れるんだから」

となりから井上が、おっとりとりなしてくれる。

「お袋の腹の中にいるときから、ここにいて、この中を遊び場にして育ったやつみたいには、できなくてしょうがないよ」

私は、大汗をかいてカシラと取っ組み合いだ。

一番大変なのは、上のアゴと下のアゴをつないだ関節をはずすところだ。逆さまにした下アゴの部分を引き上げて、はずすのだが、きちんとナイフで筋肉を切っていないとはずれるわけがない。念入りにナイフを入れてから力を入れてはずす。それでもびくともしない。両手に全体重をかけてジタバタする。

見かねた宮崎のマーちゃんが、はずしてくれる。はずした下アゴの骨を、ポーンと投げて通路わきに積む。毎度毎度、マーちゃんの世話になっている。感謝しつつ無念である。

「あーあ。こんなに汚して。ひとりでここの仕事を全部したみたいに」

どろどろに汚れた私の仕事着を見て、伊沢さんが笑っている。

有難かったのは、誰もがケガをしないための仕事の仕方をしっかり教えてくれたことだ。

宮崎は、ナイフの持ち方を注意してくれた。

「逆手に持つときには、こうやってナイフの柄の端に親指を当てて持つんだ。ナイフがすべってもここに親指があれば、指を切らないで済むだろ」

ナイフを逆手で持って使うときは、柄が脂などですべると、刃を握ってしまう。力が入っているから、傷が深くなる。だから必ずナイフの柄尻に親指を当ててストッパーにするように、と言うのだ。

手が滑って、ナイフを落としそうになり、あわてている時にも
「そういう時は、あわててナイフをつかもうとしない。潔く落としてしまう。落とさないようにと、あわててつかむと刃を握ってしまうから」

ナイフは、あとで砥いで刃を直せば大丈夫。

「ケガと弁当は自分持ちって言うんだよ。ケガするほうが損だからね」

宮崎はおどけたように付け加えた。

「おう、ヤスリ一本都合してくれよ」

原田の二郎とすれ違いざま、伊沢さんが声をかけた。原田家は、兄弟三人芝浦で働いている。そろって腕がいい。姿もいい。

「伊沢さんが使うの」

二郎が日に焼けた顔を向けて聞いた。

「いや、この子に使わせようと思って」

伊沢さんがあごで私の方を指す。

「はっは。そんなの、その辺の棒でも持たせときゃいい」

笑いながら、姿勢のいい背中を見せて行ってしまった。

翌日、原田二郎は、ちゃんと自分で調整した棒ヤスリを持ってきてくれた。口は悪くても親切なのだ。

これで私の革ベルトには、ナイフケースに入った二本のナイフ、そして棒ヤスリと仕事道具がそろった。

ひときわあざやかにナイフを繰る駿河屋のそばで、突っ立って、カシラをおろすナイフさばきに見とれていた。彼のことはみんな屋号で呼んでいる。

「こんな仕事、おぼえてどうすんのよ」

長身の駿河屋が、手を動かしたまま頭の上から声をかけてきた。

「仕事の腕が良ければ大きな顔ができるわよね。仕事のできる人はえばっていい。できなければ小さくなっていなければいけない」

私が答えた。駿河屋の問いの答えにはなっていないけれど、確かにそう思いながら見ていたのだなと思った。

駿河屋は、「へっ」と笑って、「そうだね」と言った。

「すごく仕事が早いですね」

「そうでもないけどさ。以前は、こう、ここに樽をいくつも並べて、何人かで誰が一番早いかと、競争しながらカシラをおろしたりしてたもんだ。おれより早い人いたよ。もう死んじゃったけどね」

ほら、このナイフ、ドイツ製で特別仕上げだ。砥ぎ方も工夫がしてある。そんな話を、仕事の手をまったく休めないままにしてくれた。

次はああやって、こうやって……。どうも手順が、しっかり頭に入らない。スムーズに浮かんでこない。

帰りの電車にゆられながらも、頭の中ではカシラおろしが続いていた。途中で座席に座れた。「図を描いてみよう」ノートを広げて描きだした。

電車が進むにつれて降りる人が増えて、車内は乗客が少なくなってきた。ふと前に座った男性の履いている靴が目に入った。大柄な人で靴もずいぶん大きい。がっしりした、ごつい茶色の革靴だ。

なんだか牛のカシラに似ているような気がした。あれもおろせそうだ。おろしてみたい。

私は頭の中で、大きな革靴をドデンと作業場の樽の上に乗せた。

その晩、夢を見た。

眠っている部屋の天井いっぱいに、巨大な牛のカシラが浮かんでいた。津軽のねぶた祭りの錦絵のように、華麗な赤や緑の極彩色に染め分けられて、大きな凧のように浮かんでいる。

「うわあ、きれいだなぁ。大きなカシラ。あれをどうやっておろそう」

わくわくしていた。

ストロベリームーン　〜傷のはなし

翌年の一月は満月の夜が二度あった。ひと月に二度満月があるときの二度目の満月をブルームーンというらしい。

ストロベリームーンというのは、皆既月食で完全に影に入った月が赤く輝く様子のことだという。一月三一日はその両方が揃うまれなケース。ブルームーンでストロベリームーンであった。

雲が出て見えないかもしれないという天気予報を気にしながら、月が欠け始める予定時間になると、マンション九階の自宅玄関から外廊下に出て空を眺めた。予報を覆して晴れている。見上げるとちょうど頭上、真上に近い当たりに大きな満月が輝いていた。マンション北側は清水川の広い河川敷になっている。そこから冷たい風が吹きあがり雲を吹き飛ばしている。

影に入り始めた月は隠れた部分が黒くなり、残りの部分は白いままだ。あれ、ストロベリームーンというのは、赤い月がみえるのではないのかな。その後も徐々に影の部分が多くなり、三日月状に残った月は白っぽい。

「全部影になって皆既月食になると、赤くなるみたいですよ」

夏目くんがネットをみながら教えてくれた。そうなの？

見ていると、なるほど月が細くなり、ほぼ隠れると赤みがかってきた。一〇時三〇分。皆既月食になる時間、月はわがマンションの頭上をめぐってベランダ側の中天に来るはずだ。

ベランダの鉢植えをいくつか動かし、ループの端に立って空を見上げた。「血のようなオレンジ色」と形容されるストロベリームーンが、まさにマンションの真上の空を移動しつつあった。

本当に赤くなっている。滴るようなきれいな赤だ。見つめていると、自分の指先で丸く盛り上がった血液と重なって来た。

よく砥いだナイフで切った皮膚は、一見なんの傷も見えない。だが間もなくジワッと血が沁みだしてくる。血は丸くプルプルと盛り上がる。腰に下げたタオルのきれいなところを探して血をぬぐう。

芝浦の伊沢さんのところでナイフを握らせてもらった最初から、私は手に切り傷が絶えなかった。自分の右手が握ったナイフの刃先がピッと左手の指を切る。肉をつかんで支え引っ張る左手の指を切る。

初日、まず人差し指の先をスパッと切った。タオルの端を小さく切りとり目立たないように傷ついた指をしばった。その後も毎日のように指を切った。一日に二度三度と切る日も少なくなかった。救急バンソウコウを大箱で買って大量消費していた。

「あー。おねえさん、手を切ったよう」

脂屋さんが声をあげたのは、大腸についた脂をそぎ取る作業をしていたときだ。

内臓作業場の入口近くに、小腸大腸を取り出して切り開く場所がある。そのとなりが大腸についた脂をそぎ落とす場所だ。「脂屋さん」と呼ばれる油脂業者が出張作業をしている。油脂作業場は、内臓業者と油脂業者が入り乱れてごったがえしている。

作業台の上に溜まった脂肪は、泡立てた生クリームかレアチーズケーキのよう。主にカレーやシチューのルーの材料になる。脂をそぎ落とした大腸は、焼肉やモツ煮の人気食材だ。

作業台はステンレス製で台所の流しを細長く伸ばしたような形だ。ここで次々に運ばれてくる大腸の山をさばいて、腸の外側についた脂肪をナイフでそぎ落としていく。切り開いて広げた大腸は幅十五センチほどで、うすいクリーム色。脂をとると意外に薄くデリケートだ。ナイフを一定の力で均一にしごいていかないと、短く断ち切ってしまう。

ベテランの内臓業者も脂屋さんも、慣れた身のこなしで、両手両足全身をフルに使って、リズミカルに脂をそぎ取っては目方をはかり、また次の業者の分の大腸を流しに運び入れと、動き回っている。

側でモタモタと進まない作業を続けている私が、場所塞ぎをしている。周りの人は動きにくそうだ。そんなことを思っていると、ナイフがピッと左手の人さし指の先をかすった。指の先の皮がめくれて、血が吹き出した。

「おねえさんが手を切った！」

隣で作業をしていた脂屋さんが大声をあげた。だいたい作業中はみんな声が大きい。

「こらっ」私はあわてて、声をあげる脂屋さんを止めた。

指を切るぐらい現場では日常茶飯事で、普通なら誰も気にもしない。それを大騒ぎされるのは、私がお客様扱いされていて、まだ半人前でさえない存在だからだ。なさけない。

「ちょっとかすっただけだから。バンドエイド持ってるから大丈夫」

ポケットから救急バンソウコウのバンドエイドを引っ張り出して巻きつけた。バンドエイドはいつも二、三枚ポケットに入れてある。

「あーあ、こんなに切っちゃって。どれ」

作業が一段落した時、私が背中を丸めて指の救急バンを貼りかえていると、脂屋さんがバンソウコウを巻いてくれた。

「ケガしないでよ」

注意してくれた脂屋さんに、思わず言い返してしまった。気が立っている。

「私、いくら気をつけてもナイフで手は切ると思います。だから少しぐらい手を切って血が出ても、知らんふりしていてください。大丈夫ですから。手を切り落としちゃったりしたら大変ですけど。大きなケガはしないようにします。迷惑になりますものね」

脂屋さんは、あきれたような表情で、こちらを見ている。

ナイフが仕事道具なのだから、手を切るなと言われても無理な話だ。いくら注意深くやっても、慣れるまではキズを防げるものではない。

前日、休憩時間に話を聞いた小物（豚）のラインの千葉敬も話していたではないか。

「左手見て。切り傷だらけだよ。親指だけで合計十何針縫った。みんなナイフで切ったものだ。おれ不器用だから。エアーナイフならもっとひどい傷になるよ。」

仕事が変化にとんでいるから、なかなかできるようにならない。「少しずつ上達していくのがおもしろいんだ。改築前の旧ラインにいたころ、足の先を切り取るのに、うまくナイフの刃が入らなくて。力まかせに体重をかけてへし折ってた。『おい、へし折るんじゃなくて、切るんだ』って言われても、できなくて。二年がかりでやっとできるようになったんだよ」

新施設ができてから、旧ラインのその工程はフットカッターで行うようになった。ナイフほどの技術はなくていい。今は、尾の部分を切除する部署だ。

「さっき尾っぽを切るの見たでしょ。あれだって三ミリぐらいの関節の隙間に刃が入らないと切れない。小物は十五秒で一頭のペースで作業が進むでしょ。流れが忙しくて、おれついていけるか心配だった。手が遅いとたまっちゃうでしょ。大変なんだよ」

だいたい芝浦はケガの多い所だ。東京都の全職員の年間のケガのうち、半数以上を芝浦で占めると千葉は話す。彼もまだ傷と縁がきれないでいる。

「ケガに強い人と弱い人がいるんだよ。おれはケガに強いから救急バンを貼っておけば治るけれど、膿んじゃう人もいるんだよ。ここいろんな雑菌だって多いじゃない」

作業ブースが同じ宮崎が言った。

うれしいことに私もケガには強かった。体力には自信がないが、有難いことに手の指は、切りまくってもよく治った。

日々、キズが治っていく。前日切った傷が、翌日には、うっすらと皮膜がかぶっている。次の日には、さらにその皮がしっかりと厚くなっている。生き物としての自分の回復力に驚嘆した。生まれて初めて自分の体を頼もしいと思った。

左の人差し指の第二関節にいまでも小さな傷痕が残る。芝浦に通っていたころには、傷痕が引きつって指が動きにくくなっていた。

以前、瀬戸内の島を尋ねた時、小舟で漁をする漁民の話を聞いた。小舟に座り続けて漁をする彼らは、がっしりした上半身に不釣り合いな細くてか弱い脚の体躯である。たくましく立派な肩の漁師たちは、舟から立ち上がると、退化したか細い足でヨチヨチと歩く。

京都西陣織の歳とった職人たちも、帯を織る器械にあわせて固定されたように背中が縮んでいた。職人自身が帯織器械の一部なのだ。プロ野球のかつての名投手も、利き腕が反対側よりも長くなったと言う。

プロになるというのは、体が変形することかもしれない。そんなことを思い浮かべながら、指先の小さな傷痕をながめて少しうれしかった。

私が指を切るぐらいは、かすり傷とも言えないほどだが、中には大事故もある。ベルトコンベアーに挟まれて瀕死の重傷を負い、一年近くも入院生活を送ってやっと復帰した人。作業台から落下して昏倒した人。たたき場で、ピストルの弾が急所を外れていて、立ち上がった牛の角で太腿をざっくり突き刺された人など。大ケガをした人が何人もいる。

「あいつは強い。ケガをしても痛がらない」

二階の解体現場に上がったとき、伊沢さんが上を見上げながら言った。阿部栄治が解体作業の最後の工程で、電動ノコギリを使って背割り作業をしていた。

背割りの作業台は一番高い位置にある。私たちがレバーを運ぶためにドウコウを提げて二階の解体作業場に上がると、すぐの場所。ちょうど下を歩く私たちの頭上、高々と登った天井の近くが、背割り作業のプラットホームだ。そこで阿部が大型の電動ノコギリを構えている。

彼はずんぐりとした体型で、あまり顔の表情を動かさない。肩からしっかりとまわした太い革ベルトで電動ノコギリを抱えてさらに胴で固定している。ノコギリを動かす鋭いモーター音と、パチンパチンという牛の背骨をはじく音が響いてくる。

「あいつはすごいよ」

伊沢さんは率直に感心している。

阿部は何年か前、誤って背割り用の電動ノコギリで、長靴の上から自分の足をざっくりと切ってしまったという。巨大な牛の体幹を縦にきれいに二つに切り分けるノコギリだ。かたい背骨のついた肉を尾の付け根から首まで数十秒で縦割りにする威力がある。一瞬触れただけでも、どれほどのケガになるか。

「血があふれ出して、すごいケガだった。それなのに、あいつは全く痛がらないんだから。表情ひとつ変えない。ひとことも痛いと言わなかった」

のちに、休憩室の灰皿の脇に阿部がボサッとした表情で座っているところをみつけた。

「ケガをしても全然痛がらなかったんですって？　すごいヤツだと伊沢さんが言っていました」

私が声をかけると、

「自分の足切るなんて、みっともない」

阿部は、表情を変えずにそれだけ言った。

大月夫人

いつも伊沢さんの側で作業している大月幸紀が、フィリピンに行ったまま戻ってこない。一週間もたっている。いくらなんでもまずいぞと、みながささやきだしていた。

彼は、芝浦の内臓業者のまだ数少ない三代目の経営者だ。彼の祖父は、内臓業界の草分けである。もともとは山梨の人だそうだが、彼も彼の父親も東京生まれの東京育ちだ。同業者がまとまって住んでいる地区で育った彼は、業界のボスの御曹司としてチヤホヤ育てられたという。

彼は毎月のようにフィリピンに遊びに行く。彼の作業場の台車には、名前の代わりに「成田ーマニラ」と黄色いペンキで大きく書いてある。恋人がいるらしい。フィリピンのピナツボ火山が噴火した時も、大月はちょうどマニラに行っていた。飛行機が飛ばなかったので、仕事が始まって三日も帰って来なかったという。

「まわりの連中が黙って彼の分の仕事をしてやっていたけどね」

困ったもんだという調子で伊沢さんが言った。

大月は誰かに似ている。誰だろう。あの目の表情、どこかで見たことがある。誰だろう。考えていて思い出した。ああ、ピカソの「新古典主義の時代」の人物画だ。キュビズムから抜け出たあとのピカソが描いた端整でもの静かな人々の顔に、彼は目鼻立ちが似ている。健やかに伸びた手足をもつ美丈夫だ。

伊沢さんによると、創業者である大月の祖父は、右に出るもののいない女遊びの猛者であったそうだ。古びた業界記念誌に出ている写真の祖父は、大月には似ていない。髪を短く刈り込んで陽に焼けたラッキョウみたいな顔だ。しかめっつらで目をぎゅっと寄せている。ムンクの「叫び」を連想させる。

この顔で女を口説くのが得意だったと聞くと感動的だ。大月の父親も手の速さは親ゆずりであったらしい。その辺は、大月もしっかり受け継いでいるのかもしれない。

大月が現場に来なくなって一週間以上がすぎたころ、華奢な女性が、白い仕事着を着て現場に入ってきた。フワッとカールした手入れの行き届いた栗色の髪が、肩のあたりに優雅に揺れている。色白できれいな肌をしている。

「大月の女房がきたな。いくらなんでも仕事ほったらかして知らん顔していたら、権利を取り上げられてしまうからな。でも今まで現場になんて来たことないから、来たってなんにもできないよ」

伊沢さんが小声で言った。病気などという特別な理由なしに、現場を長期間留守にすると、牛の割り当て頭数の権利が無くなってしまうらしい。

大月夫人は現場に来ても、仕事をするつもりはないらしい。迷惑をかけているまわりに挨拶してまわるでもない。ほとんど声を出さずに、ちょっと呆然としたように作業場のすみに立っていた。

こんなにきれいな人だったのか。私はちょっと見とれていた。ほっそりとしなやかで、「花のよう」という形容そのままの美人だ。大月は「親が勝手に決めた年上の女房」に反発して遊びまわっている、と誰かが言っていたが、こんなきれいな人だったのか。

大月夫人は翌日も来た。何もしないのは同じだ。ひと言もしゃべらない。その翌日も来た。ずっと来た。

夫人が来続けることに、みんなが慣れたころ、突然、夫人の代わりに大月本人が、何事もなかったように、当然の顔で戻ってきて仕事を始めた。

「ここはそういう所なんですよ。突然いなくなって、でもいつのまにか戻ってくる」

伊沢さんが言った。

大月が帰ってきて、いつもどおりの作業場に戻った。

それから数日たったころのことだ。

内臓処理の作業場の裏口から出たところに、小型トラックがとまっていた。荷台にピンク色のフワ(肺)ばかりが山積みになっている。フワも以前は食用にされていたそうだが、スポンジみたいな食感で美味しくはないので、今は油脂加工にまわされている。

トラックの横に立ったいかつい若い男性が、ホースから水を出してトラックの荷台ごとフワの汚れを落としにかかった。勢いよく飛び出した水を浴びて、荷台いっぱいに積まれたフワが溢れてなだれをうってすべり落ちてきた。

ピンク色の座布団のようなフワが足元に広がった。男性が仕方なさそうにフワを拾い出した。私も一緒に拾い集めて荷台に戻した。フワを全部ひろって荷台に戻すと、男性は黙って突っ立ったままこちらをこわい顔で見た。そのまま一言も発さず荷台にシートをかけると、トラックを走らせて行った。

翌日、伊沢さんの作業場にいると、その男性がやってきた。ずかずかと側に近づいてくる。私と向き合うように立つと、体中からアルコールのにおいが立ちのぼってくる。

「おれは右翼だけど、解放運動もしている」

彼はつっかえつっかえそう言った。

「おれのまわりにはいろんな人がいる。手や足が無い人もいる。在日韓国や朝鮮の人もいるし黒人もいる。みんな生きている」

私の顔をじろじろ見ながらこわばった表情で、つっかえながらゆっくりそれだけ言った。言い終ると、もう一度こちらをじっと見て、「じゃあな」と大きな背中を見せて出ていった。

「何か言われたのか。あいつ酔っぱらってたな」

彼がいなくなると、離れて見ていた伊沢さんがやってきて聞いた。彼が回りくどい言葉で語ったことを伝えると、

「ふうん」

伊沢さんがやさしい顔をした。

「あんた、昨日あいつがトラックに荷物積むの手伝ってやっただろ。そんなことされたの

初めてなんだって。驚いたって。さっきおれの所に来て話したんだ」

少ししんみりした表情で伊沢さんが続けた。

「あいつ、あんたを自分と同じような境遇だと思ったんだろうな。あんたを励ましたつもりなんだよ」

その後彼は、もう芝浦にあらわれなかった。大阪の方に行ってしまったということだ。


後に作業用トラックに同乗させてもらい、彼の働いていた油脂加工の工場を見学に行きました。東京下町の皮革工場が集中している地域でした。

芝浦の現場から出る油脂は、カレー・シチューなどの食用に加工されるものの他に工業製品に使われるものがあります。この工場は、その工業製品用油脂の製造をしていて化製場と呼ばれていました。

工場入口、コンクリートの路面に、芝浦の現場からトラックに積んできた肉をはずした頭蓋骨や顎の骨、食用に適さない内臓部位が山と積まれています。それが小型のシャベルカーで工場内に運ばれ奥にある機械に投入されていきます。

ここで加熱した上で圧力をかけて脂を取り出すのだと教えてもらいました。この脂は自動車のシートなどのレザーを造る時にしなやかさを出すためにつかわれるとのことです。しぼりカスは肥料にするそうです。晴天の晴れ渡った外から入るとうす暗く見える工場内では、圧縮機械から出てきた茶色い肥料がベルトコンベアーで流れているのが見えました。

その帰りの電車の中でのことです。私のまわりの人たちが「変な臭いがする」とこそこそ話し出しました。「なんだろう。臭いわね」と。たしかに動物性の濃厚な腐敗臭が漂っています。

それは私の靴の底からにおってきているのです。あの工場の床にしみ出していた液体のにおいです。毎日臭いと言われるところで働いているのは、つらいことだなと思わずにいられませんでした。

赤いランボルギーニ

「差別なんかなんにも無いっていうやつが芝浦にもいるよ。そういうことというやつは、自分たちの仲間うちとしか付き合ってないんだもん。差別なんか無くってあたりまえだよ。芝浦のなかの人間とか、同じ仕事仲間とか、そういう人たちとしか付き合わなければ、差別なんかなくて当然だよ。

差別を感じるのは、他の仕事の人たちとか、違う場所の人とかと付き合う時だよね。あと違う職場の人と結婚しようとした時とか。だから境界にいる人たちはなんだかんだ感じるだろうな。まだ結構あるんだよ。いろいろとね。

宮崎のマーちゃんが真っ赤なランボルギーニを買って乗り回しているだろ。あれだって、きっとなにかあるんだと思うな」

控室に戻ると伊沢さんが言った。この頃、仕事が一段落すると、駐車場のあたりに若い男性たちが群がっていた。人々の間からピカピカ光る真っ赤な車がのぞいている。宮崎啓吾の息子マーちゃんこと真彦が、職場に真っ赤なランボルギーニで乗り付けていた。

「金持ちだなあ」

ひやかす周りの声に、

「住宅ローンで買ったんだよ」

彼の父親がふざけて言い訳していた。

「真っ赤なランボルギーニで職場に来るなんて、まったくどうかと思いますよね」

労働組合の事務所に行くと書記長の松田が苦笑いしながら言った。

「劣っていると思われてバカにされてきた人間が、追いついて同じになったんじゃだめなんだって。並んだあと追い抜いて、はるかに上までいかないと同等になれないんだって。それは気持ちの上でもそうなんだろうな。ランボルギーニを買って乗り回すところまでやらないと、気持ちのバランスがとれないんだよ。きっと」

委員長の外山が真彦をかばった。

そうなのだろう。きっと。マーちゃんはそうやって、彼なりの方法で長い屈辱の歴史を書き換えようとしている。

芝浦は、そこで働く人々にとって普通の仕事場だ。だが、時々、「人と違う仕事をしている」と思わされることがあるらしい。だからだろうか。芝浦の古い人々は、ごく自然に芝浦以外の世間のことを「おもて」と言った。例えば、

「転職を考えたことはなかったのですか」

と訊ねた時。組合の長老・富岡重蔵は即座に

「おもてに出る気はなかったね」

と答えた。この表現を初めて聞いたとき肌が泡立つのを感じた。強烈な意識の壁が立ち現れるのが見えたような気がしたのだ。

「おもて」に対する言葉は、自分たちのことをいう「うちら」だろう。芝浦の「おもて」と「うちら」との間の壁は、かっては剥き出しの形で顔を出していたという。例えば住宅がなかなか借りられなかった。富岡が話してくれる。

「この仕事はだめなんだよ。屠場に勤めていると言うと、どこも部屋を貸してくれなかった。だからおれが所帯を持ったときも部屋が借りられなくて。安い旅館みたいな変なとこで二年ぐらい暮したんだから」

当時部屋を探す方法は、芝浦の関係者がやっている下宿やアパートが運よく空くのを待つしかなかったそうだ。仕事を知られるのを嫌って、血の付いた作業着を家に持ち帰ることもしなかった。みんな現場で洗ったのだ。

若い職員たちは、「おもて」などという言葉はつかわない。壁はずいぶん低くなった。だが消滅したわけではないようだ。

「飲み屋で飲んでいる時とかさ、隣の席の人が話しかけてくることがあるでしょ」

ノンベエの千葉敬が話してくれた。

「なんの仕事してるの、とか聞かれることがあるでしょ。公務員ですって答えると普通はそれで済むんだけど、公務員っていろいろあるけど何してるのって聞いてくるヤツがいるんだよ。それで屠場ですって答えるよね。そうすると相手がハッとして。困ったような、悪いことを聞いたって言うような顔になるんだよ」

「ふうん」

なんと返事をしていいかわからない。

「おれ、ここの仕事好きだよ。誇りもってるよ。でも、屠場と聞くと相手の表情がこわばっちゃうからなあ」

「そうかあ」

「実際やんなっちゃうこともあるんだ。焼肉店の人に肉を持ってきてくれと頼まれて、運んでた時のことなんだけど。電車に乗って、座れたから足元に荷物を置いて、おれ眠っちゃったんだよ。そうしたら、しばらくして周りが騒がしくなってね。『きゃあ、あれ血よ、血よ。車掌さんを呼んだ方がいいかしら』とか、女の子の声が聞こえたりして。目を開けてみると、おれの荷物から血が漏れて、床につぅーと筋になっていた。

職場のヤツにも、同じような目にあったのがいるよ。小腸を自転車の荷台に積んだ箱に入れて運んでいたら、なんだかまわりの様子が変で。振り返ってみたら、小腸がこぼれて、長くひきずってたんだね。それに気づかないでいて……。まわりの人たちが『なにあれ、気持ち悪い。なんだろう』って。キャーキャー言ってたんだって。そいつ『あんな恥ずかしいことなかった。もうヤダ。絶対あれは運ばない』って言ってたよ」

他の職場から芝浦に転職してきた青年が、ぽつんと言った。

「ここの人たちね。外で仕事の話をしないんだよ。職場のみんなとスキーに行ったりするでしょ。そんな時に、絶対仕事の話をしない。前の職場では、遊びに行った先でも仕事の話し出てたよ。上司の悪口言ったりさ。それがここでは全くでない。不自然だと思う。やっぱり何かこだわってるんだな」

一方、加藤全のような人もいる。彼は屠畜解体の仕事に携わる一方で、高円寺に「広場、市場」を意味する『ピアーザ』という名の飲み屋を開いている。

全さんは、芝浦での仕事の帰りに、自分の店で使う食材を仕入れていく。カシラ肉、ハラミ、テール、ハツ……。そうした肉や内臓を彼は大きな透明ビニールの袋に入れてぎゅっと口を結わくと、そのまま肩に担いで帰る。JR山手線と中央線の電車を乗り継いで、人目も気にせず、すっくと姿勢のいい長身の背中にぶらさげて帰る。

全さんにとって、芝浦は本当に普通の仕事場で、肉も内臓もあたりまえの食材にすぎない。

京都

「屠場で働いている人間は、他所から来た人をちらと見れば、その人が屠場の人間かどうかわかるんだよ。目の動きとか顔の表情とかですぐにわかる。あんたはもう、誰が見ても屠場の人間だ。どこに行っても大丈夫だよ」

伊沢さんの声が力づけてくれる。

芝浦に通いだしたときから、私は東京だけでなく各地の屠場も訪ねたいと思っていた。大阪の更池や向野、仙台など何カ所かの屠場に、実際に行って見せてもらった。なかでも特に印象深かったのは、京都の屠場だ。

岸本政彦は、京都府内陸部の市にある屠場の、たった一人の屠畜解体担当者だ。

彼が働くその街は、京都市から日本海側に抜ける街道の途中にある古い城下町だ。源頼光が鬼の酒呑童子退治をしたという伝説の残る大江山の近く。少し前までは、丹波牛と但馬牛の集散地として栄えていたという。

その街の駅に着いたのは、夜一〇時過ぎだった。駅前広場にマクドナルドの点灯した看板が見える。ミスタードーナツもある。だが、後は闇に沈んでひっそりしていた。翌日の朝食用に、ドーナツとコーヒーを買った。

思いついて駅前の交番に寄った。翌朝早くに行くことにしている屠場への道順を聞いておいた方がいい。

バス停留所横にある交番には、二人の巡査が勤務していた。屠場と言っても通じなかったので、「屠畜場」「屠殺場」と、気になる言葉で言い換えながら、場所を聞いた。

「屠殺場なんてあったかなあ」

若々しい巡査二人が、顔を見合わせている。

メモを見ながら住所を言うと、巡査は地図をたどりながら、「ああ、あそこだよ」とわかったようだった。

「駅の裏だよ。屠殺場なんて何しに行くの。恐いよ」

屈託ない表情で、地図を示しながら京都言葉のイントネーションで私に言った。

「どうして恐いんですか」

私がそう言うと、巡査はそれには答えず、少し表情を硬くして道順をていねいに教えてくれた。

私も屠場で働いていますと言えばよかった。屠場は恐くなんかないと、もっとはっきり言うべきだった。予約していたビジネスホテルに向かう暗い道を歩きながら、お巡りさんにさえ「恐い」と言われる土地の屠場で働く人のことを思って気が滅入った。

屠場は駅の近くにあった。だが屠場側には駅の改札口がなかった。車だとぐるりと回らなければ、駅の裏側には行けない。踏切は駅から五〇〇メートルも離れたところだ。

歩行者用には、踏切よりは少し駅に近いところに目立たない暗いガードがあった。前日、あのお巡りさんたちが教えてくれた通り道だ。頭をぶつけそうな低いガードの下には、人がやっと通れる狭い道が、細い川の流れに沿ってあった。幅一メートルほどしかない小川を見ながらガードをくぐると、殺風景なほどに道幅の広い国道に出た。閑散とした国道をトラックや乗用車が時折走り抜けていく。人の姿は見えない。

国道を渡って丘に向かう狭い道を入ると、まもなく屠場が見えてきた。四角いコンクリートの古びた工場風の建物だ。駅から徒歩十五分だった。屠場の先を丘に向かってもう少し歩くと火葬場があった。その隣は、使われなくなった旧ゴミ焼却場だ。さらに細い道をたどって丘に登ると、丘に建つ老朽化した小さな家々の向こうに陸上自衛隊駐屯地のフェンスが見えた。

屠場、火葬場、ゴミ焼却場の集まったこの土地は、鉄道線路と広い国道で二重に市街地から隔てられていた。さらに広大な自衛隊の敷地によって背後も囲まれているらしい。

約束の朝八時少し前に屠場に入った。

屠場内部はとても清潔だった。天井に近い部分が四方向ともガラス窓になっていて光がふんだんに入る。四角い御影石を敷き詰めた床は、しっかり磨かれて石の質感が美しい。壁のまっ白いタイルが、ガラス窓から入る太陽光を柔らかく反射している。

「今日は作業ありますか」

屠場に着くと、気になっていたことをまず訊ねた。毎日必ず牛や豚が運ばれてくるとは限らない。当日の朝にならなければ、作業が行なわれるかどうか、はっきりしないと言われていたのだ。

「うん、今日は作業ある」

無表情に岸本政彦が答えた。屠畜解体担当の彼は「仕事師」と呼ばれていた。四〇代ぐらいだろうか。がっしりと大柄でパンチパーマをかけている。ここは市営の屠場であるが、彼は市の職員ではない。牛や豚一頭いくらと契約した金額で仕事を請け負っていた。

屠場の清掃などをする市の嘱託職員、衛生検査担当の獣医、そして解体後の肉や内臓を買い付ける食肉店の人などが、ここには来て働いていた。だが、解体作業は、「仕事師」の岸本が、すべてひとりでしている。

「ようし、始めるか」

壁の時計を見て、ジャンバーを脱ぎながら岸本が言った。私服なのだろう。カーキ色の作業ズボンに紺のTシャツ。釣り人が着るようなポケットのたくさんついたベストを上に着ている。私も芝浦で現場に入るときの作業着に着替えて、長靴を履き前掛けをつけた。

岸本は、外に出て自分で牛を係留所から引いて来て、作業場につないだ。よく見ると、御影石の床に金属の輪が埋め込んであり、そこに牛をつなげるようになっていた。

「牛をたたく時には、動かないように誰かがおさえて、目を隠すと聞いていたのですが」

私が言うと、

「慣れればひとりで大丈夫」

無表情のままに彼が言った。

ここでは、ピストルではなくハンマーがまだ使われていた。ハンマーは、金槌を大型にして、柄を長くしたような形だ。金属部分の先端にさらに短い鉛筆のような円柱が付いている。ピストルで銃撃する時、ピストンのように突き出る棒状の芯の役割をするのだろう。

牛は芝浦に多く来ている黒毛の和牛ではなく、ホルスタイン系の黒と白のまだら模様の乳牛だった。床の金輪につながれた牛を目指して、岸本が大きくハンマーを振りかぶった。鋭く振り下ろされたハンマーが、牛の額に正確に打ち込まれた。額に突き刺さったハンマーを引き抜くと、トウと呼ぶワイヤーで脊髄破壊をする。

頸動脈を切って放血。後ろ脚をワイヤーでつるす。アタマを落とし皮をむく。すべて彼ひとりの作業だ。自然光がガラス窓から差し込む作業場で、自分の体の何倍もある大型の牛の解体に、ナイフ一本を握ってひとりで取り組む姿は、神話の中の光景を見ているようだ。

清掃担当の市嘱託職員の渋谷が、御影石の床の上を一輪車を押しながら、汚れをすぐに片づけていく。もう三〇年もここで同じ仕事をしているという。年配の男性だ。この屠場の見事なまでの清潔さは、渋谷の手柄らしい。

作業場の隅に小さな机を出して、保健所から出張してきた衛生検査担当の獣医が、内臓の検査をしている。

一頭目の解体が終了した。壁の時計の針を見ると、開始からまだ三〇分しかたっていなかった。

「三〇分でできちゃうんですね」

私が言った。

「三〇分もかからんやろ」

岸本も時計を確かめながら言った。もっと早くできる、そんな表情だった。

岸本はこの土地の人ではない。神戸で生まれ育ったそうだ。

「親戚がここで働いてて。年取って働けなくなったから仕方なく来たんや。もう一〇年、いやもっと、二〇年以上ここで仕事してるな」

無愛想だが、聞けばきちんと教えてくれた。

この日は牛が四頭だった。解体処理が進むうちに、屠場の中に五〜六人の男たちが入ってきた。隅の流しで内臓を洗ったり、切り開いたりの処理をしだした。地元の食肉店の従業員たちだった。ここでは内臓の処理作業は、肉屋さんの仕事らしい。

センマイ洗いを一緒にさせてもらいながら、私が東京の芝浦屠場に通っていると言うと、

「芝浦には、昔働きに行っていたよ」

一番先輩格らしい男性が懐かしがった。

「おれも芝浦にいたことがある」

口々に言いだした。どうもみんな芝浦やその周辺で働いていたらしい。

仕事が一段落すると、休憩室でコンロを囲み、みなで煮込みをつつきだした。「仕事師」の岸本は、肉屋さんたちの輪に入るでもなく外れるでもなく、少し離れて座っている。

みんなの話によると、この屠場は近く移転するらしい。新しい屠場は、五キロ程離れたところに建設が決まっているそうだ。駅から近いこのあたりは、開発予定地域になっているという。

この屠場には三回行きました。二回は古い屠場に、三回目は移転して新しく建て替えられた屠場を見に行ったのです。

新屠場建設前には、岸本さんから何回か私のところに電話がかかってきました。それまでの牛や豚一頭いくらの請負契約ではなく、月給制の嘱託職員の提案が出されているのだが、どちらがいいだろう。そんな相談でした。「おぼえやすい電話番号やなあ。646480８ムシムシヤオヤ…や」

電話の向こうの声が笑ったのを聞きました。彼がたったひとりの「仕事師」なのだと改めて思いいたりました。私のような者でさえ数少ない仕事仲間だったのでしょう。

新屠場建設の参考に、彼が市の担当者と各地の屠場見学に回ったときには、新宿で会い都庁展望台で一緒にコーヒーを飲みました。芝浦も見学したいと申し入れたのに、意外にも見学は受け付けていないと断られたとのこと。代わりに群馬の屠場に行ったそうです。

新屠場になって数年後、彼は突然足が動かなくなったと病院に行き、間もなく亡くなってしまいました。

組合事務所　～宿題

初めて確認会に出してもらったすぐあとのことだ。

「なぜ芝浦に来る気になったのか。差別問題に関心を持つきっかけはなんだったのか。それを書いて来てください」

労働組合の外山委員長が言った。屠場労組は、差別問題がおきると問題を起こした当事者に「宿題」を書かせる。大抵は出版社、テレビ局などマスコミの担当者だ。

なんだ。私も「宿題」を書くのか。私も問題を起こした人間同様の存在なのか……。

ちょっと心外だったが納得できる面もあった。そもそも「一週間働かせてほしい」と無理を言って頼んで内臓の現場で働かせてもらえるようになったのだった。その一週間が過ぎても芝浦に来続けている。部外者は入れないことになっている確認会にも、伊沢さんの力を借りて強引に参加させてもらった。結構波風を立てているのだろう。十分迷惑な存在なのだ。

この宿題は予想以上に苦痛な作業だった。思い出しながら書いていると吐き気がしそうだった。

「なかなか書けない」

伊沢さんに、弱音をはくと、

「ゆっくり書けばいいよ。あわてなくてもいい」

半年以上もかかって、ようやく書いて、まず伊沢さんに見せた。その場ですぐに目を通すと、

「もう少し書いて」

と、宿題を返してよこした。

さらにひと月以上の時間がたった。続きを書いて、また伊沢さんに見てもらった。読み終わった伊沢さんは、「うん、いいよ」と宿題原稿をつかんで立ち上がった。

「一緒に来て」

労働組合の部屋に向かいながら、途中ですれ違った職員に、

「外山と松田を組合の部屋によこして」

と、声をかけた。

組合の外山委員長と松田書記長がきた。

「おまえたち、ここで読め」

伊沢さんは、原稿をコピーしようとした松田を制した。

「長いなあ。何ページあるのこれ。迷惑だなあ」

松田が小声で文句を言いながら原稿に目を落とし始めた。原稿は当時使っていた二百字詰め原稿用紙で三十三枚ある。

外山が一枚読むごとに松田にまわしていく。しばらくふたりは無言で宿題原稿を目で追い続けた。

「宿題」

ある日、一瞬にして私は「差別者」になった。足の下の地面が突然無くなって、穴に落っこちたような気がした。

一九七〇年代前半、私は大学受験に失敗した浪人として関西にいた。生まれは東京の本郷。公務員の父の転勤につき合わされて、東京から新潟、また東京、青森と各地を移動しながら育ち、青森の高校を卒業すると同時に兵庫県の伊丹市へと引っ越して「浪人」になった。

関西は私たち、つまり私や中学生の弟だけでなく、東京育ちの父にとっても札幌育ちの母にとっても、初めて住む土地だった。

引っ越しには慣れている私たち家族だったが、この時は不安を感じていた。もうはるか昔のことだが、この当時「関東と関西は肌合いが違う。関東の人間はとても関西には住めない」などとよく言われていた。それ以上に心を重くしていたのは、その時の父の異動が左遷であったからだ。おまけに娘の私は浪人だ。

まだ雪の残る青森から、まる一昼夜列車にゆられて伊丹に着いた。駅から乗ったタクシーのドライバーが、本当に「関西弁」を話すのに感慨を深くした。うどんの汁は本当に色が薄く透き通っていた。うどんだけではなくラーメンの汁も白っぽい。その色が心細くて、かくれて醤油をいれた。

見回すと、この土地は土が赤い。当時はまだあちこちに残っていた未舗装の道も、家々の庭の土も赤茶色をしていて、晴れた日が続くと乾いた白っぽい景色になった。私のなじんだ東京は土が黒かった。

被差別部落について話を聞いたのは、奈良から大阪の予備校に通っているという三人の男子からだ。

そのころ私は、予備校をさぼっては京都、大阪の寺社や美術館を歩き回っていた。その日も、大阪天王寺の美術館にいた。平日の美術館はすいていた。ほとんど人の姿がみえないほどがらんと静かだった。

そんな時、入って来たのが同年輩の浪人の男の子三人組だった。

自分が浪人になってみると、浪人生というのは外形ですぐわかる。来ている服、持っているバッグの形、顔の表情、歩き方……とにかく全体の雰囲気で見ればわかる。

向こうも私を同類と思ったのだろう。気軽に話しかけてきた。彼らが奈良に住み、この春、奈良の高校を卒業した同級生同士と聞いて、

「奈良いいわねえ」

と私がうらやましがった。私の知る奈良は、修学旅行で訪れた春日大社や法隆寺ぐらいだ。

「ちっともよくない。奈良はヤクザとブラクが多くて、いやなところだ」

一人が言うと、他の二人も「ヤクザとブラクのメッカ奈良」を言い立てた。

ブラク？　被差別部落のこと？　今でもあるの？

被差別部落出身の若い教師の苦悩を描いた島崎藤村の『破戒』は読んでいたし、映画も見ていた。中学高校の歴史授業でも多少は触れられていたから、被差別部落のことを全く知らなかったわけではない。だが、とっくに解決済みの過去の問題と思い込んでいた。だが、奈良にある彼らの通った高校では、一クラス五〇人程のうち、十数人が被差別部落の出身者だったという。彼らが語る被差別部落の話は、なんとも不思議で奇妙で、異次元の世界のようであった。

——部落は道が狭くて、老朽家屋が密集している。未舗装の細い道は、壊れかかった家々

の間を、迷路のように続いている。

　そこに住んでいる人達は、なんとなく顔立ちが部落以外の人と違う。着ている服も違う。だいたいにおいてハデである。とにかく雰囲気が違う。だから例えば電車に乗っていても、部落の人はわかるものだ。

　部落の人は、自分たちとは違う言葉を話す。奈良でも大阪でも和歌山でも、部落の人の言葉には、独特のアクセントや言い回しがある。だから言葉を聞けば、なおはっきりとわかる——。

　彼らは、さらに言った。部落の人は、すごい美人と醜い人の両極端に分かれている。芸能人には部落の出身者が多い。具体的に俳優のだれだれ、歌手のだれだれ……。たくさんの名前をあげながら話し続けた。

「かわいそうだよなあ」

　一人が言った。

「就職できないし、結婚できないし。おれ、部落の子と結婚しようかなと思ってるんだ」

　他の二人がうなずいた。今振り返ると彼らの認識の中には差別意識があるし、同情の寄せ方も差別的だったと思う。だが彼らは彼らなりに、この問題を気にかけていたのかもしれない。

私の頭の中は、理解不能なものでいっぱいになった。なかでも衝撃だったのは、彼らが被差別部落の人を見分けられると言ったことだった。本当かどうかはわからなかったが、浪人を見分けられる思っていた私は、たわいなく彼らの言葉を信じてしまった。

家に帰っても、私の頭の中は、被差別部落のことでいっぱいだった。

母に「知ってる?」と尋ねてみた。

「子供のころに聞いたことがあるわ。人里離れた山の奥のそのまた奥に住んでいて、他の人たちとは行き来をしないという人たちのことでしょ」

という。日本のジプシーとも呼ばれた「サンカ」の人たちと混同しているようだ。札幌育ちの母はその程度の理解なのだろう。それ以上話す気がしなくなった。

私にとっての重大事は、夕食後テレビを見ているときに起きた。テレビはドラマだった。女優のAさんが主演だった。奈良の男の子たちの話題に上った一人である。当時彼女は美人として有名で人気があった。

画面の彼女は圧倒的な美しさに輝いて見えた。父はAが気に入っている。

「この人は、やっぱりきれいだなあ」

とか言いながら見ていたと思う。

私はいらいらした。その時、ひょいと思わぬ言葉が口から出そうになった。

「Aは部落の出身なんですって」

その言葉を口から出さないためには、奥歯をきつく噛みしめ、番組が終わるまでひと言も口をきかずにいなければならなかった。いくらなんでも、そんなことを口にしてはいけないと思っていたのだ。

被差別部落について、ほとんど知りもしないのに、この時から私は部落差別をたっぷり味わうことになる。差別者として。

実は、十代後半の時期、私は父が好きで仕方がなかった。ファザコンだったのだ。

父が仕事に努力を傾けたにもかかわらず不遇であったこと、私自身が浪人という不安定な立場にいたことなどが影響してか、父への思いは、このころクライマックスに達していた。

Aさんは、いわば「ライバル」だったのだ。しかも圧倒的な美人である。どう比べてみても私は見劣りする。嫉妬心と差別の感情が混じりあって、私をがんじがらめにした。

Ａさんは、よくテレビに登場していた。連続ドラマに主演していたし、コマーシャルにも出ていた。テレビに彼女の顔が映る度に「部落――」と言いそうになる自分を抑えるのに非常な苦痛を感じるようになった。のどの奥にいつもその言葉がいて、口を開くと飛出しそうだった。結局それを最後まで言わないですんだのは、正義感からではない。言えば父に軽蔑されると思ったからだ。

毎日、新聞のテレビ欄に目を通して、彼女の出ている番組にチャンネルを合わせないようにした。彼女のコマーシャルが出る番組も見ないようにした。

そのころ、関西では部落解放運動関連のニュースが新聞で盛んに扱われていた。「被差別部落」あるいは「未解放部落」の文字を見ると、つらくて仕方がなかった。差別される側の人とは比べ物にならないつらさに過ぎなかったのだろうが。

目の前から色彩が消えたような気がした。世の中には恐ろしいことがあるということが身に染みてわかった。その恐ろしさのなかには、自分自身が信頼できない卑劣な人間である、ということも含まれていた。

それにしても、私はなぜ、あんなにやすやすと差別の感情につかまってしまったのだろうか。当時の私は、公平で適正な判断力の持ち主とは言えないにしても、故意に人をおとしめるような人間ではなかったと思いたい。

ただ振り返ってみると、私は大正生まれの母から時代遅れで封建的な教育を受けていた。「もう少し早く生まれていたら、あなたは武士の娘なのです。毅然としていなさい」母はことあるごとにそういいながら、家系に連なる成功者たちの名をあげて、あなたもしっかりしなさいと私を叱咤した。母がそのまた母に、くり返し言われて育った言葉だったに違いない。

そうしたことを言う時の母を軽蔑しながらも、いつの間にか影響されていたらしい。私の人間としての誇りとか、生きていく上での気持ちのよりどころとかは、私個人の在り方や努力に根拠があるのではなく、過去の家の歴史と密接にからみついてしまっていた。

私自身はといえば、わがままで怠け者の浪人であるだけで、誇れるものは何もなかった。だから正直に言うと、なぜ旧大名家に生まれなかったか、公家に生まれなかったかと悔しく感じていた。自分自身を無力に思えば思うほど「過去の栄光」――そんなもの栄光でもなんでもないのだけれど――であれなんであれ我が身を飾りたかった。

そうしたことを心のうちで思っているなどと、私は生涯、決して口には出さないはずだった。みっともないし恥ずかしいことだから。だが心の中で思っているぐらいは、勝手だろうと考えていたものだ。

なんとかしなければならなかった。このままではいけない。でもどうしたらいいのか。

「一番信頼できる人」である父に、少しだけ話してみた。

法学部の学生時代の父が、タコ部屋と呼ばれる劣悪な労働者の飯場に泊まりこみで行ったことがあると、昔祖母から聞いた記憶がある。

「法律には、強い法律と弱い法律があるんだ。弱い立場の人間を守る法律は、弱い法律だ。その中でどうやっていくことができるか」

父は以前そんな話もしていた。父ならアドバイスをくれるかもしれない。

「差別の感情は、若いうちはわからないものだ」

父は、穏やかな声で言った。

「ううん、私はわかる。差別意識をもっているもの」

息せき切って言ったおぼえがある。

「それなら自分で考えろ」

父は、いやなやつだという感情をむき出しに言い捨てて、立ち去ってしまった。その時の動揺もおぼえている。ええ、自分で考えていますよ。でも、どう考えていいかわからないから聞いたんじゃないの……。

自分で探すことのできた二か所の被差別部落を歩いてみた。新聞記事に出ていた奈良県御所市の地区と、野間宏の小説『青年の輪』の舞台になった大阪市浪速区から西成区にかけての一帯だ。

どちらの地域も、路地には地場産業であるサンダル靴の切りくずが山と積まれ、家々の壁には荊冠旗のポスターが貼られていた。十字架にかけられたキリストの受難の象徴であるいばらの冠。荊冠旗の真っ赤な色が、立ち上がった人々の決意を表すようで胸にしみた。だが家々の中から、こちらを睨むように見ている険しいいくつもの視線にたじろいでしまった。

このころ、歴史小説の司馬遼太郎氏の東大阪にある自宅にも話を聞きに行った。差別問題についてたずねることができるような人が、まわりに全くいなかったからだ。手紙を書いて会いたいと頼むと、司馬氏は親切にも時間をつくってくれた。

『十一番目の志士』ほか司馬氏の小説のいくつかには、被差別階級の人々が登場している。商人の街大阪で育った氏には、家柄や身分などといったものの滑稽さを笑いのめしてしまうエネルギーを感じていた。

のちに司馬氏は『竜馬がゆく』のなかの言葉づかいで、部落解放同盟の糾弾をうけたそうだが、私が会いに行ったのはその前のことだ。

司馬さんは、被差別部落の話をし始めた私を制して、

「その話をしてはいけない」

と言われた。

「その話を人前でしてはいけません。被差別部落の出身者は、いたるところにいます。本当にどこにいるかわからない。その人たちを傷つけることになるから。もうそのことを知らない人たちも増えています。知らない人が増えることが救いなのだから、口に出してはいけません」

司馬氏のその話に納得したわけではない。もうすでに解放運動では「寝た子を起こせ」と言われていたことも知っていた。

だが、実際に、具体的に、私はどうしたらいいのか。

黙ってじっと、この記憶がうすれ、差別感情が遠のいていくのを待てというのか。

日がたつにつれて、静かな恐怖心がわきおこり、心を満たしているのに気づくようになった。それは、不信感や憎しみと混じりあって、心の奥深いところから生まれていた。叫び、怒鳴り、たたき壊したいような衝動にかられながら、私は恐ろしさに身をかたくしていた。なぜ、部落がまだあるのか。明治維新から長い時を経て、なぜ、まだあるのか。差別された状況にある人々を傍らに置いて、なぜ平気で暮らせるのだ。どうして人はそんなに残酷なのか。自分のことを棚にあげて責め立てたい思いだった。

「部落」という言葉が、立ち所に人を差別の虜にするほど強力なことは、自分の例で実験済だ。そんな過酷な場にいる被差別の人々をそのままにして、なぜ平気なのだ。もし自分が、そうした被差別の立場に生まれたら。人は何を誇りにして生きていけばいいのか。

けれどもその後、私はひたすら自分のなかにわきおこった差別に対する怒りや問いから逃げ続けた。部落差別を扱い話題になった映画『橋のない川』を見る勇気もなかった。

少し冷静に差別問題と向き合えるようになったのは、仕事を持って自分の収入で暮らせるようになってからだ。マニラの巨大スラム・スモーキーマウンテン、香港の高層スラム・九龍城砦、そしてニューヨークのハーレムなどに行ってみた。

そのどこででも、その地で私は暮らしていけると思った。「私はここに住んでもいいのだ」

と思えた。

自分にできることとできないことが、ある程度わかるようになっていた。一生という限られた時間内に、自分のできることを懸命にやって終わるだけだ。そんな当然のことが、ようやく実感できるようになった。もう自分が抱える問題にきちんと向き合わなければいけない。

「部落とは何か。それが本当にわかるのは、部落差別が完全になくなった時だと思いますよ。ぼくはそう思ってますよ」

解放運動の若い活動家が言うのを聞いた。そうなのだろう。

今やっと私は自分が居るべき所に居るのだという感じがしている。この場所で、少しずつ、ゆっくりといろいろなことがわかるようになっていくのだろうと思っている。


「どう思う」

ふたりが最後のページを読み終わったのを見て伊沢さんが言った。

「よく書けてます」

松田が言った。ちょっと見当違いじゃないかと思った。外山は黙っている。

「これで精一杯だと思うから」

伊沢さんが言った。

二人から原稿をとりあげると私に返してくれた。これで私の宿題は済んだことになった。


ずっと後になって、司馬遼太郎氏の糾弾会に解放同盟側として出席していたという人に会いました。解放同盟は、『竜馬がゆく』のなかで「ちょうりんぼう」という差別語が使われていたということを問題にして確認糾弾会を開いたというのです。

司馬氏は出版社まかせにせず、自身で糾弾会に出席し、執筆当時、「ちょうりんぼう」が差別語であることは知らなかった、古い土佐弁で「馬鹿」を意味する罵倒語の一種であるとしか認識していなかったと語ったそうです。差別語であるとの指摘を受けて、該当箇所の削除を出版社に申し出たということでした。

この知人は「この時の司馬さんは、実に率直で淡々としていましたよ。『無知は裁けない』と語っていたことが忘れられないなあ」と言っていました。

芝浦の係留所

「伊沢さん」

朝、仕事場に入ると、私はいつも伊沢さんの姿を探す。

何もない時、彼はたいてい階段横のスペースで、スポーツ新聞を広げていた。広い内臓作業場全体で、ここだけに椅子がひとつある。その椅子を占領して伊沢さんは、周りの人とおしゃべりしながらスポーツ新聞に目を通している。

伊沢さんは、あまり仕事好きではないらしい。にもかかわらず、「芝浦にいるときが一番落ち着く」と言う。

伊沢さんは毎朝五時半には家を出て、六時には芝浦に着いているそうだ。それから煮込み用のモツを飲み屋に配達して、七時前には現場に入る。その後は、仕事の順番が回ってくるまで、仲間たちの中でのんびり時を過ごすのだ。

芝浦の内臓業者の仕事は順番制だ。「つぶどり」といわれる方式で、一頭分の内臓を丸ごと全部買い取るようになっている。三六〇頭の牛の一番目から順に、各内臓業者に振り分けられ、それぞれの持ち分は頭数で決まっている。少ない業者で三頭。多い業者で三〇数頭。伊沢さんは六頭だ。

仕事の順番は、公平に早い日と遅い日がくるようにローテーションを組んである。自分の番が来るまでは待ち時間なので暇だ。その代り、番がくると一度にどっと、いくつもの作業が同時進行して、すさまじく忙しくなる。

伊沢さんのいつも通りの姿を確かめると、私は安心して自分の場所である伊沢さんのブースで、水槽に水を貯めたり、ホースで床に水をまいたりし出す。

となりで井上が、床に置いた石油の一斗缶のような容器に、いっぱいに満たした血液の中に腕を入れてかきまわしている。中腰になり濃厚なトマトジュースのような血液に肘までつけて、かき混ぜる。ときどきたくましい腕をすくい上げると、指の間に絡みついた繊維状のゴムのような真紅の固まりをとっている。

「何をしているのですか」

「血液は置いておくと、すぐに固まっちゃうんだよ。こうしてかきまわすとね、血液を固まらせる凝結分子が繊維状の固まりになるから、それを念入りにとっておくと、あとは固まらないいんだよ」

説明してくれながらも、井上は腕をゆっくり血液の中で、動かしては持ち上げる。私もまねをしてやらせてもらった。肘まで血液に入れると、密度の高い重い液体が腕を包み込む。そうっとかき混ぜると、海のにおいを濃くしたような血のにおいがあがってきた。指の間に真紅の紐の固まりがからまる。

「血液を何に使うのですか」

「レバーの表面に塗るの。鮮度が落ちないいんだよ」

井上は、内臓肉を業者に卸すだけでなく、多摩地域にある自宅で肉屋さんも営業している。直接自分の店で売る商品だから、少しでも鮮度がいいままに持ち帰るために、手間をおしまない。

「おはよ」

伊沢さんがやってきた。

「牛、見てきた？　牛、見てくるといいよ」

内臓の作業場から外に出ると、右側が牛の係留所へと続く通路だ。

係留所は、コンクリート敷きの広いたたきにスレートの屋根がかかっている。鉄の柵の中に、三六〇頭の牛が、番号順につながれている。前日に仕事を終わって帰る時に、もう大きな生体輸送用のトラックが、何台も到着していた。

コンクリート塀に囲まれた芝浦の構内を、牛を積んだ特大トラックが、点在する施設や停まった保冷車の列を避けながらゆるゆると通っていく。やがて係留所に横付けしたトラックから、斜めに渡した板を降りて、牛たちが係留所に入って行くのが見えた。

外側の通路に沿って、牛を見ながら歩いた。手を伸ばしてそっと牛の背中にさわってみた。牛は少し体をゆすりながらも、じっとしている。短くかたい毛の尖った先が手のひらの皮膚をくすぐる。牛の筋肉の弾力とともに、熱いほどの体温が手のひらに伝わってくる。

牛の目を見た。濃いまつ毛に縁どられた牛の目は真っ黒に潤っている。白目が見えない。牛は、そっと目をそらして、少し後ずさりをした。口元に手を出すと、大きな温かい舌で、べろんとなめてくれる。

「こっちだよ」

伊沢さんがやってきた。

「今日は順番が後の方だからね。二八一番からだ」

牛の柵の中につくられた通路を伊沢さんが進んでいく。

人がひとりやっと通れるだけの狭い通路の両側に数十頭の牛が大きな頭を並べている。頭からは太い角が伸びている。牛の角の林の中をさっさと歩いていく伊沢さんの背中を見ながら、後ろからついて歩く。

「若い牛の角は、つるりとしてきれいでしょ。何度もお産をした牛の角は、ネジ釘のように段がついているんだよ」

歩きながら伊沢さんが教えてくれる。芝浦にくる牛はその多くが黒毛の大型牛だ。

「この黒毛の大型の牛は、『F1』とか『雑種』とか言うんだけどね。乳牛のメスに和牛の精子を受精させたものなんですよ。和牛のような黒毛だが、乳牛のような大きな体だ。でも不思議なものでね。体のどこかに、脚の先とかに、ほんの少し白い毛の部分が出るんだよね」

ひと際大きな牛が角の生えた頭を伸ばして、伊沢さんの行く手を塞いだ。伊沢さんが、牛の角を手で少し押すと、牛はおとなしく後ろに引っ込んだ。

「牛、怖くないですか」

「子供の頃、牛ほど怖いものはないと思っていたよ。家に農作業に使う牛がいたんだよ。うちのじいさんは、牛をなぐる人で。なぐられると牛の気が荒くなるんですよ。怖かったよ」

この日は、三重県から松坂牛が七〜八頭来ていた。最高価格で取引される黒毛和牛だ。他の牛よりも二回りぐらい小さい。角も小さく独特の曲がり方をしている。

「昔の牛は、今の牛のように大きくなかったよ。みんな松坂牛ぐらいの大きさだった。農耕用に使っていた牛だから茶色い朝鮮牛で。小さくても力の強い牛だったな」

肉質を見るのに、今は枝肉のアバラのところを切断してサシの入り具合を見る。以前はそんなことしなかったという。牛を見ただけで肉質を判断したそうだ。今のように、格付けの等級を決める人もいないし、セリではなくて、当事者同士が一対一で値段を決める相対取引だったのだ。

取引は、牛の重量で決まるから、抜け目のないのは、朝早く来て、牛にエサと水をたくさん与える。相撲の新弟子検査みたいに、目方の上げ底をするのだ。

そんな話を聞いているうちに、伊沢さんの順番の牛のところに来た。黒毛の大型の牛が並んでいる。

「二八一番からだから、二八二、二八三…、二八六番。ここまでだな。うん、いい牛だね」

黒い毛がピカピカ光る牛を見て、伊沢さんは満足げだった。

映画確認会

私が出席させてもらった何度目かの確認糾弾会は、映画に対するものだった。「屠場で牛を撃つ場面が何度も出るよ。見た方がいいよ」と知人が教えてくれて、実際に映画館にも見に行った。

これまでに私が知った、屠場の組合が問題にする作品は、非情な殺人者や残虐な場所を描く時に、比喩的に「屠殺人」とか「屠殺場」という言葉をつかうケースが多かった。

今回この映画では、牛を銃で撃つ場面そのものが何度も登場する。冒頭にまず、牛を銃で撃つ場面が大写しになる。留学生が生活のために屠場で働いていて、イヤなことの象徴として銃撃場面がつかわれていた。

監督　綿貫

プロデューサー　伊丹

東京芝浦屠場労働組合　外山　松田　千葉　富岡　大野

解放運動南部支部　湯浅　上村　岩田　山本

会場は、芝浦食肉市場の集会室。監督本人とプロデューサーが二人でやってきた。二人ともセーターにジャケットのラフな格好だ。この日までに、すでに何度か少人数での話し合いが行われていたらしい。

座席から立ち上がった綿貫監督が、話しはじめた。

「みなさんの抗議の内容を、差別認識を改めるという意味で、ぼくなりにまとめてみました。

まず、屠場に対しては歴史的に形成された差別がある。それによって植えつけられた一般のひとびとの中にある意識を巧みに利用して、現実の一部分を意図的に見せるという映画独特の手法によって、いわれなき偏見である残酷さを強調した。牛を殺すというショッキングな銃撃場面を映画のなかで何度もくり返し、観客への刺激を増大させ、映画の効果をねらった。差別意識を利用して映画の効果を上げようとしている。

屠場での仕事を、映画のテーマや目的など都合にあわせて解釈し、屠場で汗をながしながら働く労働者たちの現実を直視していない。さらには映画による社会的な影響に目を向けることを怠っている。

これらを要約すると、屠場をとりあげようとした意図が他にあったとしても、このような描き方では屠場に対する偏見差別の助長になる。こうしたボタンの掛け違いの中に差別意識があったことを認めて反省するように……。そうしたことではないかと思う。

どうして差別や偏見を助長するつもりがなかったにもかかわらず、みなさんから指摘されたような映画になったのか。その辺を真剣に考えてみた。

この映画では屠場のたくさんの作業行程の中で、銃撃のところのみに力点をおいてしまった事実を認めなければならない。銃撃は食肉生産の行程の中のほんの一部で、これで屠場で働く人の立場を代表させることは、たしかにできていないと思う。

汗を流して働いている姿や誇りをもって働いているところを描かず、省略的な手法を使って、銃撃シーンだけしかとらなかったことの問題性をみなさんの指摘によって考えた。現実の社会ではまだまだ偏見が残っていることを改めて考えさせられた。われわれは屠場についてもっと知るべきだった。また屠場について人々に残っている偏見や差別の事実を、もっと知るべきだった。さらに作った映画が、人々の偏見や差別をかきたてないような撮り方をするべきだった。銃撃シーンを撮るなら、それ以外のプラスのイメージを与えるような場面も撮るべきだったと考えている。配慮が欠けていたことを反省したい。

屠場を描いた意図がどこにあったとしても、表現されたものにこうしたものがあったということは、差別意識があったということではないかという指摘があったが、このことの検証に自分として時間がかかった。

自分の中にあるかもしれない。いや、あると思われる差別意識についてどう考えるか。見ていただければわかると思うが、この映画のなかの登場人物たちは、はっきり言って、みんな差別されているというか、弱い人間たちだ。

そういう人たちを登場させるわけだから、私は差別意識を持って描くつもりはなかったし、当然、屠場に対しても差別や偏見を誇張するような気持ちでつくってはいなかった。しかし実際には、紛れもなく、屠場に対する差別性を指摘されたわけで、それのどこに問題があるのか考えた。

ひとつ言えることは、一般的な観客のなかにある差別意識に頼った。利用したということは考えられる。もちろん悪意ではない。例えば残酷と思われる場面を撮影しても、差別意識を刺激したとしても、人間というのは上昇させるというか、それ以上のものに持っていける力がある。事実そうしてくれた人もいるのではないかと思う。この映画を観て、屠場への関心を持ってくれた人もいるのではないかと思う。しかし、一般の人に差別や偏見がある限りは十分に留意すべきだったと思う」

用意したメモを手に握りしめて、監督は力をこめて話した。

「だいぶ前向きに考えてきたね。でもまだ……」

長老の富岡重蔵が穏やかに言葉を発したとき、共闘関係にある南部支部の岩田が遮った。

「配慮が欠けていたことを反省しているといった言い方をされたが、差別は配慮の問題ではない。人間の心の問題だ。配慮ということなら技術的な問題だ。監督たちが今度のことについて話し合って、その結論が配慮に欠けていたと言うなら、配慮の問題ではないだろうと言いたい。

差別意識というのは、人間が生きていくために必然的にもってしまったか、そうしたものです。おれは部落民だから部落差別は確かにしない。だが他の差別はしてしまうことがあります。それは配慮すればいいというものではない。人間としての生きざまが、差別意識を持たされないところに置かれているか、あるいは差別意識を持ってしまっているか。そのことを配慮だという形で、おれ達の問いに答えてしまうなら技術論に走っているのかなと思います」

おなじく南部支部の上村が監督を睨みつけるように力を込めて言う。

「監督がいろいろ言っていたが、非常に思いあがりで傲慢な人だと感じました。監督はこの映画が弱い人たち、差別されている人達を描いているから、自分には差別意識はなかった。屠場問題でも自分に偏見や差別はなかった。ただし、その映画を観る観客なり一般社会のなかに屠場に対する差別や偏見があるから、そのことを映画のなかでフォローしないで銃撃シーンだけを取り上げたので差別意識を助長する映画を、結果としてつくってしまったことを申し訳ないと言っておられるわけです。

観客や一般社会の中にある差別意識ではなく、監督自身のなかに差別意識がある。そこからきちっと、自分の気持ちのなかを見直さない限り、この映画が、結果的に差別であった、反省していると言っても、本物の反省ではないです。ましてや理解と配慮が不足していたなどというのは傲慢もはなはだしいです」

「監督自身の差別意識について前回指摘があったように、差別するつもりはなかったというところから話がはじまっています。時間がたっているにもかかわらず、今回も同様です。当然、積極的に差別するつもりで作った映画だとは思っていません。だが監督の意識の中にある差別に対して自分がどう係っていくのかということを、よその問題ととらえているからあんな映画をつくれるのです」と岩田。

「抗議をされた中味についても、自分は評論家になっている。こういった意識が観客のなかにある。一般の人のなかにあると評論しているだけです。そのことはとりもなおさず監督のなかにある。前回と同様です。立場を使い分ける、巧妙になっただけ悪くなった」

上村は監督に対して悪印象をもったらしい。

「あの映画を、屠場で働く労働者がどういうふうに見たかということが問題だと思うよ。監督は、観客のなかには、あの映画をよく理解してくれた人もいるはずだと言ったが、そんなことはありえない」

富岡重蔵はあくまで屠場労働者の眼で批判する。

「観客の上昇作用ってどういうことよ。よく判断してくれる人がいるって？　そんなこと勝手に決めるな」と岩田。

「確認会は配慮や反省ではなく、監督の心底の本当の気持ちをえぐり出すことだ。監督は今、今後どういう方向に向くかの岐路に立っている」

屠場の組合設立運動の中心人物のひとり大野が言った。岩田が言葉を引き取る。

「監督はさっき観客の差別意識を刺激したと言ったが、これは映画をつくる段階の意識なのですか。ということは観客が持つだろう差別意識をわかっていたということか。それとも前回の確認会のなかで、今回の回答のようになったのですか」

「今の意識です」

監督が答える。

「観客の差別意識を刺激したとして、あなたの差別意識はどこでどう働いているのですか。監督は差別をする意識を持って映画を作ったのではないと言っている。だが映画そのものは差別であると我々は指摘している。映画を作った意識について差別だと指摘している。あなたは差別だと指摘をされていながら、ここにきて、第三者になってしまっている。自分が差別をする目的で作った映画ではないのだからということで、ここで切ってしまい、観客の差別意識を利用したとか、刺激したとかの問題にして、自分を退けてしまっている」

岩田が迫る。

「いや、その時はそう思っていた」

監督がまた短く答える。

「だから、そこは今、確認したでしょ。映画をつくろうとした時点でそう思っていたのか。それともおれ達との話し合いの後のことなのかと。話し合いの後のことだというので、今聞いています。映画をつくる時のあなたの意識はどうだったのですか」

「差別する意識はなかったが、話し合いのなかで改めて反省して、自分のなかにあるものを検証した」

監督が言う。

「差別意識はあったということか」

「あったのかもしれない……」

「よくわからない。具体的に言ってほしい」

上村が強く言う。

「話の流れから言うと、映画作りに対しては、差別を助長する映画だったということは確認できているわけですね。ただ自分のなかにある差別の確認という作業をやってきたら、観客のなかの差別意識を利用しようとしていた。ただ自分には悪意はなかったということになった。そして今、また自分に差別意識はあったということになるのですか」

組合書記次長の千葉が話を整理しながらたずねた。

「自分のなかには自覚できないものであった」

綿貫監督が少し気弱そうな声になった。

「簡単に言うと、差別してやろうなんて思って映画をつくったのではないということだろう。だが監督自身の意識はまた別のものだ」

解放運動の重鎮・湯浅が言った。

それまで黙って綿貫監督のそばに並んで話を聞いていたプロデューサーの伊丹が、口を開いた。

「実際にこういう形で指摘され、いろいろ話し合いがされて、自分たちも具体的なことを見てくると、自分たちのなかにある、例えば屠場というものをとらえた時に、屠場をこう思うだろう、自分たちもこう思うというものがあります。

それは観客もそうとるだろうという暗黙のものを利用して描いているものがある。例えば屠場は殺すところだという意識がある。そうすると当然、観客は怖い所だとかいやな所だとか思うだろうということを、暗黙のうちに手法として使ったのではないかと思う」

「観客のなかにあるであろう差別意識を利用したという話が出たが、それは伝達した側の差別意識でもあったということですか」

千葉が念を押した。

「そうです。ピッタリ一致するかどうかは別として、作る側はその辺を計算してどのように作用するか常に見ているから、自分たちのなかに差別意識がある。むしろ、そういうものを取り入れてやろうといった意識があったのではないかと思います」

伊丹がキッパリと答えた。

「最初、屠場を見て感動した。感動したところを伝えたかったと言われた。そのことと今の言葉とどういう関係があるのですか」

大野が聞いた。

「見学したとき感じたものが、その時は思っていなかったけれど観客のなかにある意識を刺激することによって、僕の感じたものが幾分かは……」

監督が力なく答えだすと、

「伊丹さんの話と全然違う。つくる側が観客の差別を利用したという話と、感動したという話とどう結びつくのですか」

　上村が鋭く遮った。

「感動が客観的には省略され、描かれたのが銃撃シーンだけなので、どこかで切り離されてしまったと感じています。感動とつくられた映画が、どこかで離れてしまった」

　監督が言う。

「切り離されてしまったなんて、そんな客観的に言わないでほしい。あなたがつくった映画で、あなたが屠場を見ての感想を他人事のように言わないでほしいです」

　上村が重ねて言う。

「矛盾する心情かもしれない。感動と観客への刺激と。二つあってもかまわんとは思うが矛盾はする。その感動の中身をこちらに伝えきれていない。具体的にどういうことなのですか」

　外山が、やや理解を示しながら聞いた。

　伊丹がそれについて監督に代わって話し出した。

「彼の癖やスタイルをよく知っているので、感動について少し話したい。おそらく正直に言って『こりゃ、すげえや』という感動だったのではないか。すげえやというのは、いい意味もあるし、悪い意味もある。深い意味があると思うが、これは使ったら効果があるということかもしれません」

「確認会というのは、本人自身が何をもってどうしたのかを知りたい。伊丹さんのジリジリしている気持ちはわかるが、監督がきっちり自己の腹をさらけ出してもらわないと話ができないのです」

岩田が言う。

「監督の考え方は、まだきれいごとにとどまっています」

湯浅が言った。

「抗議の主眼は、監督の屠場に対する差別意識をさらけ出してくださいということです。感動の中身も、見学した時に感じたことを具体的に言ってみればいいのです」

外山が言った。


この映画は自治労の機関誌に「すばらしい映画だ」と映画評が載り、東京都の生活文化局と福利厚生事業団主催の東京映画祭でも賞をとりました。中国人留学生が差別的な環境に置かれていて、それに対して訴える反差別の映画であるというのです。

でも実際は、屠場は仕方なくするいやな仕事の場としてあつかわれ、つらいことを思い出す場面として牛の銃撃場面がアップになって何度も使われています。

屠場の組合と解放運動の支部は、この映画を撮った監督の糾弾をしましたが、それだけではなく、この映画を推薦した都労連の委員長や自治労、東京都に対しても糾弾会を開いたのだそうです。

それまでは、各種の問題に対して一緒に闘ってきた人たちを相手にして糾弾をするという、あまりない場面が展開されて、どちらも戸惑いながらの糾弾会であったようです。

よくやったなあと感心します。

「いま一番妥協しないで戦っているのは芝浦屠場の労働組合だ。最近はどこの運動団体も、物わかりがよくなっている。だが芝浦はちがうぞ」

ピースポートの船上で聞いた言葉が耳によみがえります。

千葉家畜市場

「牛殺しになるの！」

その男性は、大きな声で二度繰り返して、私にそう言った。

いまどき「牛殺し」などという言葉が生きていて、自分がそう言われたのが信じられなかった。

芝浦の現場に通うようになってしばらくしたころ、千葉市郊外にある家畜市場に、牛の品評会を見に出かけた。ＪＲ総武線千葉駅からバスに乗り換えて着いた家畜市場は、広々とした野原の中に、セリを行うための円形の建物と品評会用のグランド、そして係留所があった。

品評会では、柵で囲んだグランドに、和牛、乳牛別に一〇頭ぐらいずつの牛が番号順に並ばされ、体型、毛並、年齢、健康状態などもろもろの審査を受ける。

順番に牛が会場のグランドに連れ出されてきて、並ばされて引っ込んでという動作が淡々と繰り返される。グランドを囲んだ柵のまわりにパラパラと、まばらに観客がいた。畜産関係者らしい。時々アナウンスで優秀牛の名前が伝えられる。出品者は緊張しているのだろうけれど、あまり迫力はない。

審査会場のすぐ後ろに、屋根のある牛の係留所が細長く何列にも並んで建っている。飼い主が牛にワラをやったり水をやったり、体をふいてやったりしているのが見える。自分の牛の姿を眺めながら、ワラの上に寝転んでまどろんでいる人もいる。秋の陽が差し込んで、係留所のあたりだけ明るく見えていた。

私に声をかけてきた男性は六〇歳ぐらい。乳牛の部に出品していた。大型の乳牛の手綱をとって、ポコポコと、のどかに歩いてグランドに出てきた。ゆったりした酪農家の自足した様子が伺えた。彼の牛は入賞を逃したが、さして落胆している風でもなかった。

彼は、自分の牛の審査が終わった後、柵に寄りかかって和牛の審査を見ていたが、ひょいと隣にいる私に声をかけてきた。

「獣医さん？　牛に興味があるの？」

そういえば会場には女性が少なかった。酪農家の家族か、品評会の事務局か、女性はそうした関係者に限られていた。そのどちらでもなさそうな私に、興味を持ったのかもしれない。

「芝浦の食肉市場、屠場で現場の仕事の見習いをしています」

と答えると、彼は少し裏返ったような甲高い声で、

「牛殺しになるの！」

と叫んだ。

ぼう然としながらも、

「芝浦にいらしたことがありますか」

私は訊ねた。

「何度もある。出荷する牛について行って、現場も見た」

彼は大きな声で答えた。その後、声を落とすと、思い浮かべるように話を続けた。

「あれはいやだ。ピストルで撃つと、ガクッと牛が膝を折る。それから放血の時ビクビク痙攣する。あれはいやだ。例え明日食べるものが無くても、あの仕事だけはしたくないね。つるして皮をむいて枝肉になってしまえば平気なんだけどね。ピストルで撃つところはい

やだな。そりゃ、誰かがやらなければ肉にできない。それは分かっているけど、いやなんだよ」

「それでは、育てた牛を出荷する時は、つらいでしょうね」

「いや、そんなことはない。元気に育って無事出荷するときは、牛に花束でも贈りたい気がしますよ。育てている途中に病気なんかで死んで、フォークリフトで運ばれる牛は、かわいそうで仕方がない」

でも、と彼はシワの深い顔を傾けて、「出荷する時つらかったこともあるな。牛を連れていく時に、血も涙もないことをする者がいてね」と続けた。

「昔は牛を畑仕事に使っていた。畑仕事が何日までかかると言うと、その仕事が終わる日の夕方、家に帰ると、もう牛を連れて行くために業者が来て待っていた。これから牛にエサをやると言うと、食べさせない方が肉質がいいからと、そのまま連れて行ってしまった。あの牛は、一日働いて夕ご飯ももらえないで連れて行かれてしまったと思うと、かわいそうで涙が出たね」

彼は、少し背を丸めて悲しそうな表情をした。

柵の中のグランドでは、ゆったりしたペースで品評会が続いていた。

カマキリ　～最後のプレゼント

その奇妙な生き物を見たのは、信号機の近くの舗道の上だ。

大きなカマキリが、死にかけていた。きれいなミドリ色で、一〇センチ以上もある。踏まれたのだろうか。歩道の真ん中で、身を横にして、わずかにアシを動かしている。

信号機が変わるのを目にして、道を急ぎながら、この荷物を郵便局で出したら、帰りにあのカマキリを道脇の草むらに移してやらないとな、と思っていた。間もなく死ぬだろうが、コンクリートの上で、さらに踏みつぶされるのは、無残だ。

だが、あのカマキリの横に、黒くて細いヒモ状のものがあったぞ。目の奥の残像が、復元される。ん？　ハリガネムシか？　カマキリが死にかけているので出てきたのだろうか。

ハリガネムシには古い記憶がある。私は中学生だった。

理科の教師が、子供時代の思い出として話してくれたのだ。

「バッタや、コオロギをいっぱいつかまえて、箱に入れて家に帰ったんだよ。箱を開けたら、ハリガネムシが出てきた。気持ち悪さにぞっとしたよ」

のちに、昆虫図鑑で、カマキリから出てきたハリガネムシの写真も見た。あれだろうか。

郵便局で荷物を送ると、急いで来た道を戻った。

人も自転車も通っているのに、カマキリは、それ以上つぶされもしないでそこにいた。

そばのハルシオンの茎を折って、カマキリのそばに立った。大きなカマキリの胸からハラの部分が裂けて、透き通った、露草の種のような緑色の内臓が、はみ出ていた。

横に、黒い干からびた二〇センチほどのヒモが伸びている。

ハルシオンの茎でカマキリをすくうと、暴れもしない。黒いヒモも一緒について、茎にぶら下がるようにしてつるし上げられた。清水川脇の草むらに、おろした。

家に戻り、ハリガネムシをネットで調べた。たくさんの人が書いている。写真もいっぱい。

そのひとつ。『虫大好き人間』のホームページ。

——シロムネカマキリを飼っていたときのこと。カマキリが落ち着かなくなり、やがて死んでしまった。庭に穴を掘って埋めてやろうとしていると、死んだカマキリの胸のあたりが、動いた。なにか黒いものが見える。

胸と胴体のあたりを持ってひっぱると、切れてハリガネムシが飛び出し、シュッと音をたてるように跳ねて、逃げていった。恐ろしさで動けなかった……と。

さらに書いている。ハリガネムシは、幼虫時期は水の中にいて、水を飲みに来たカマキリなどに寄生する。宿主の体内で成長すると、宿主をコントロールして水のところに行かせ、体を破って出てきて、水に戻り産卵する。

この人のカマキリが落ち着かなくなったのは、水をさがしていたせいなのかもしれない。

うーん。私がみつけたカマキリは、なにかに踏みつぶされたような跡はなかった。それなのに、体が裂けていたのは、ハリガネムシに破られたのか。川に到達する前に、飛び出てしまったのか。

生き物は、結構グロテスクに、生き死にするなあ。


「家族なんて、いつでも捨ててやる。そう思っていた」

父が私にそんな話をしたのは、晩年、死ぬ一、二年前だった。それを聞いて、私は少しも意外な気がしなかった。自分の父親がそういう人間だということは、昔からわかっていた気がした。

「いずれ別れる日がくるから、その日まではできるかぎり、子供や妻をかわいがって大切につきあおうと思っていた」

とも言った。父がそう思い、その通りに実行していたこともずっと感じていた。

東京帝大法学部卒のキャリア官僚だった父は、一兵卒として南方に行った。ボルネオで敗戦を迎え、捕虜収容所に送られて二年後に帰国。その後、警察予備隊の立ち上げに参加し、そのまま自衛官になった。次は一兵卒ではなく、全体を見渡せる場所で、国家の非常事態に関わろうとしていたのだ。

父が、私たちを捨てる日はこなかった。それは父にとって不本意なことであったかもしれない。

「死ぬなんて大したことじゃない。夜に眠るのと変わらない。毎晩死んでいるんだぞ」

まだ幼い私に、父はよくそんな話をした。しばしばそうした話を聞いているうちに、私は「夜に眠るようにさりげなく、いつでも平気で死ななければいけない」と思うようになったふしがある。

父が南方で捕虜生活を送っていたころの話も忘れられない。

みんなが輪になって腰を下ろし、手拍子をとって歌ったり、しゃべったりしていた。なかのひとりが立ち上がって、歌い始めようとした時だ。輪の中に、銃の手入れをしている仲間がいたのだが、その銃が突然、暴発した。飛び出した弾は、立ち上がった兵の腹にあたった。兵は三日間苦しみぬいて死んだ。間もなく帰国することが決まっていた。

「どうしてこんな目に合うんだろう」

兵は、繰り返し言っていたという。戦いで死ぬのなら仕方がない。だが仲間の弾にあたった。それも彼が立ち上がってさえいなければ、何事もなく、弾は頭上を通り過ぎていただろうに。

思いもかけない形で、人は死ななければならない。

一方、母は中年になったころから一年中、和装で過ごすようになった。気が付くと着物の下に、いつも真っ白な長じゅばんを身につけていた。母は心臓近くに当時の技術では手術の難しい大動脈瘤を抱えていた。「いつどこで死んでもいいように」死衣装を身にまとっていたのだ。

父からも母からも、どう死ぬかというメッセージばかりを受け取っていた気がする。

私はと言うと、いつも体が不調の子供だった。学校で授業中に突然、顔の半分にジンマシンが発生、真っ赤に腫れ上がる。あわてているうちに、三〇分でウソのようにおさまるなどということがたびたび起きた。

がんばって何かしようと決心すると、カゼをひく。熱がでる。いつもだるい。いつも眠い。自分の体の操縦ができない。

もういい。わがままに生きてやる。生きられなくなったときには、そこで死ねばいい。わが愛する家族の者たちも、死ねばいい。

青空に洗濯物がはためくように、家族一同並んで首を吊るさまが、ひどく陽気に頭に浮かんだ。

思い出すとドタバタ喜劇のような家族だった。おまけに咬みつき癖のついた白い秋田犬まで飼っていた。

このごろよく思い出すのは、父の最晩年。ガンで二度の手術をしたあとのことだ。部分入れ歯の不具合に「食事の味がしない」と嘆いていた父は、知人の紹介でやっといい歯医者にめぐりあえた。

「口の中に指を入れられた瞬間、これは違う、上手だとわかった」

歯医者から帰った父はうれしそうだった。

「もっと早くにこの歯医者さんと出会えるとよかったのにね」

私が言った。父は何年ものあいだ「下手くそな歯医者」に通って苦労していた。

「今からでいい」

機嫌よく父が言った。

痩せた長身を風に吹かせながら、清水川に架かる長い橋をゆらゆらと父が渡っていく。歯医者に歩いて通う父の姿を、清水川べりに建つマンション九階の外廊下に立って私が見ていた。父はそれから三カ月もたたずに死んだ。

「今からでいい」

何度も何度も、頭の中の父の声が言う。

「遺体」という言葉の意味を最近知った。辞書には、
遺体――①「父母が残した身体」の意から自分の身体。
②人のなきがら。遺骸。とある。
通常、遺体とは、②の意味でつかわれていると思う。私もその意味しか知らなかった。だが、父母の残した自分の身体というのが、もともとの意味であると知ってから、「遺体」

という言葉が頭からはなれなくなった。私は父母の遺体なのだ。

「ゆっくりしてくるといいよ」

母が出かけるとき、父はそう声をかけたという。

だから母は、病院で自分のクスリを受け取ったあと、美容院に行って髪のセットをしてもらった。そのあと駅前のデパート地下の惣菜売り場で、二人で食べるつもりのものをいっぱい買い込みタクシーで帰ってきた。

父の死は、阪神淡路大震災の翌年だった。同じ一月の寒いころだ。ガンによってではなく火事だった。

焼け跡から母と、半分焦げたアルバムや食器を拾い出した。その後、ひとりで焼け跡の片づけをした。神戸の震災の跡を歩いたことが頭の中で重なった。

地震の数日後に私は神戸に行った。新幹線は京都までしか動いていなかった。京都から阪急電車で大阪に出て、さらに乗り換え神戸方面に向かった。

神戸に近づくにつれて屋根にブルーシートをかけた家が目につくようになる。電車は西宮北口までしか運行されていなかった。

乗客はそこで降ろされると、神戸に向かって歩き始めた。大阪方面から神戸に住む家族や親戚、知人の様子を気にしてやってきた人たちらしかった。背中のリュックサックに花束を差し込んだ男性の姿もあった。どなたか亡くなったのかもしれない。

みんなひとりで、口も利かずに一列になって歩いていく。進むにつれて家屋やビルの倒壊が目立つようになった。震災被害の中心地を歩いて神戸三宮まで行った。

この世で生きること。死んでいくこと。どういう目にあうのか。どう死ななければいけないのか。この世に起きることを出来るかぎり自分の目でみたい。それはのぞき見なのか。

警察署の地下に父は安置されていた。

「奥さんは、ここでお待ちになっていてください。男性の方、ご確認をお願いします。」

地下に降りる階段の前で、私たちを案内してきた警察官が母を押しとどめて、夏目くんだけを安置所に案内しようとした。

「何を言っているんです」

母は強い声で言い放つと、急な階段を駆け下りるようにして地下の安置所に降りて行った。コンクリートむき出しの地下室には何もなく、警察官がひとり番をしている。部屋の真中にポツンと長方形の台があり、そこに白い柩が置かれていた。

父はすでに柩に収められていた。

たっぷりの少しくせ毛の白髪も、仕事をやめてからたくわえた髭も、眉毛さえなくなっていた。静かな表情で、出家して僧にでもなったようだった。

「父です」

私の声がそう言うのを私は聞いた。

「私ね、火事のこと一パーセントぐらいは自殺だったかもしれないと思っているの」

夏目くんに向かって言った。

「ぼくだって。ぼくは一パーセントじゃない。一割ぐらいは自殺だったと思っていますよ」

彼が静かな声で言った。

「あなたもそう思うの。そうよね。それに火事が自殺でなくて偶然だったとしても、父は逃げなかった。たぶん逃げられたのに逃げなかった。ちょうどいい、ここで死のうと思ったのでしょうね」

「ええ、そうだったのでしょうね」

順当にいけば、親は子供よりも先に死ぬ。子供は人生のどの地点かで、親に死なれることになっている。恐れながらも、私もその覚悟はしていた。

父が一回めのガンの手術をしたとき、まだその時がきたとは思わなかった。私は、父がうまく死から逃げおおせたと喜んだ。再発して、二度めの手術をしたあとでさえ、まだなんとか、時間をかせぐ手段はあると思っていた。そして、そのあとすぐの再再発。

時間が目に見える目盛りのついたものになった。私は目から血が吹き出すような思いで、その目盛りを見つめた。

だが、父の死は、そんな私の時計を無視して訪れた。父の最後の姿を何人かが見ている。父は、マンション十三階の自宅ベランダに立って、ぼんやり外を眺めていたという。やがて炎がきて一瞬に姿が見えなくなったそうだ。

だが、一瞬にして死が訪れた訳ではないようだ。「死体検案書」には、死に到るまでの推定時間四十分とあった。

数年ごとに転勤を繰り返していた我が家には、ろくな家具などなかった。ただ父の本ばかりが、壁という壁を埋めていた。それらの本のすべてと、ガラクタの一切合切を道連れに父は逝った。

出火の原因は結局不明のままだった。マンションの全所帯をまわって、火事を出したことを詫びた。焼け跡から、多少のつかえそうなものを拾い出すと、あとは解体業者が入って、部屋をコンクリート剥き出しの「スケルトン」状態にした。父も部屋も骨になった。

「ほら、もう三〇日たったよ。人の噂も七五日っていうから、あともう、ひと月半たてば大丈夫だよ」

夏目くんが、奇妙な励まし方をした。

私たちは、父と同じマンションの違う階に住んでいた。父は十三階、私たちは九階だ。火事の後も、その建物に住み続けていた。

私たちのマンションは、二百メートルほどの道の突き当たりにあった。その道を歩くとき、はるか離れたところから、最上階である十三階の部屋の焼け跡が望めた。焼け焦げは、ベランダから屋上まで黒々とのびて、炎の勢いをあきらかにしていた。部屋の修復が終わるまで、三か月の間、毎日、私はそれを見ながら歩いた。

映画『ジャンヌ・ダルク』を見た。槍で突かれて、城壁から突き落とされて、熱した油を浴びせられて、兵士たちが死んだ。

ジャンヌ・ダルクは火あぶりになって死んだ。人は死ぬ。こうして死ぬ。

私が死ぬときも、こうした死であっていいと思おうとした。火で焼かれて死んでも仕方がないではないか。

「豪華客船に乗ってスラム見物か。悪趣味だな」

ピースボートでマニラの巨大スラム・スモーキーマウンテンに行ったときにも、父はあきれたように言った。現地で写してきた巨大なゴミ捨て場に建つ貧しい家々の群れを見て、

「戦後、焼野原の東京もちょうどこんなだったよ」

東京でもみんなこんなところで生活していたと言った。

私はただ修羅場が好きなだけなのだろうか。他人の修羅場が。父はそうしたことを下劣なことだと嫌っていた。

父に「自分の修羅場」を贈られたと思った。

父の死は私へのプレゼントなのだ。最後で最大のプレゼント……。

その言葉が降り注ぐように私を包む。

「火事で父が死んだ」

伊沢さんに伝えたとき、

「耐えろ」

伊沢さんが言った。

「火事は仕方がないんだよ。黙って耐えろ」

三月一日　雪が降っていた

私が芝浦に行き始めたころから、たぶんもう伊沢さんは胃の具合を悪くしていたのだ。無意識のように胃のあたりに手をやるのをなんども眼にしたことがある。酒の飲み過ぎと自分でかってに解釈していた。

毎晩、ウイスキーをストレートで飲んでいたらしい。

「酒さえやめれば、すぐに治るんだよ」

と言うのも聞いた。

「ちゃんと病院に行かなきゃだめだよ」

まわりからも言われていたが自分では病院に行かずに、家族の行きつけの医院に薬を出してもらっていた。もしガンだったらと恐れていたのかもしれない。

伊沢さんが仕事に入った関根商店の跡継ぎである若社長は、四〇代で胃ガンのために死んでいた。若かった伊沢さんは、若社長の闘病ぶりを目の当たりにしていた。ガンが進行して貧血がひどくなった若社長のために、みんなを集めて献血に行ったりもしたらしい。

「早く死ぬ人っていうのは、自分でわかるのかなあ。遊びっぷりの派手な人でねえ。いつも行くキャバレーの、決まった席に自分専用のグラスまであって。そんな店がいくつもあるんだよ。

仕事は嫌いだったな。だから自分の仕事をみんなおれに押し付けてよこすんだ。その分良くもしてくれたよ。高島屋百貨店の外商を呼んで背広をつくるときなんか、おれにもつくれって言って。毎回、おれの分もつくってくれた。英国製の布地で、すごくいいのだったよ」

このころはガンになると、苦しみながら最後を迎える人が多かった。若社長の最後も悲惨であったらしい。伊沢さんは、その様子を目に焼き付けてしまったようだ。胃ガンだけはいやだと内心恐れていたようだ。

伊沢さんは夜中に救急車で大井町の病院に運ばれて、胃の手術をした。大きくなり過ぎたガンを切除することができずに、そのまま閉じたらしい。

最初に入院した病院から、まもなく板橋の病院に移った。ここでは緩和ケアと独自の免疫療法を行っているということだった。

「看護婦が、何かお悩みがありませんかなんて聞きやがるんだよ。おれはもてたから悩みなんて無いって言ってやった」

病院のベッドの上で伊沢さんが眉を歪ませ、いかにも不本意だという顔をした。進行ガンの患者という状態になっても、悩みといえば恋の悩みとしか思わないのだろうか。中学生の男子みたいだ。改めて伊沢さんという人がおもしろい。

確かに、伊沢さんは何のコンプレックスもなさそうだった。腕力にも頭のよさにも自信がある。自分がやってきたことにも、やれてきた確信と誇りがある。だから人を受け入れることができる。なんとおおらかなのだろう。


一九九七年から九八年にかけての冬は雪が多かった。東京都心部にも積もった雪が歩道部分にいつまでも残って歩きにくくしていた。

東京の西の端に住む私は自宅からまず新宿に出る。山手線に乗り換えて巣鴨まで行く。

「おばあちゃんの原宿」と話題を呼んだこの街からさらに地下鉄に乗り換えて、板橋区の志村三丁目でおりた。吹雪になっていた。

ほとんど商店街もない駅前を抜け高速道路が頭上を走る道を歩く。

降りしきる雪の中を振り袖姿の若い女たちがゆく。勇ましく。ほがらかに。そうか、吹雪の成人式か。千年ぶりの大世紀末波乱の人生への出陣式だ。吹雪の祭日、街は人通りも少なくて、屋根に雪を積もらせたクルマが、心もとなさそうにソロソロと動いている。

二階の病室に入ると、窓際の伊沢さんのベッドの足元にこんにちはと言いながら近づいた。伊沢さんはベッドの上で、いつもどおり大きく目をひらいたまま天井を向いて寝ていた。

「だれ連れてきたの」

伊沢さんが、私の方に目を向けて聞いた。

「えっ、私ひとりですけど。だれも連れてきませんよ」

私が答えた。

「そこにいるじゃない。カーテンのところに。くにのやつがきたのかな」

伊沢さんは、頭を枕から少しあげて、こちらをよく見ようとした。私も自分の横や後ろをふりかえって見回したが、天井から白いカーテンが下がっているだけだ。病院の方針だろうか。カーテンはいつも半分開け放してあった。

四人部屋のこの病室は、この時期、伊沢さんともうひとり、重症らしい年輩患者の二人だけだった。年輩患者のところには家族らしい女性たちが付き添っていた。

「だれもいませんよ」

ともう一度言った。伊沢さん、何が見えているのだろう。私は少し動揺していた。私の様子を見ながら、伊沢さんは、

「ふうん」

と、頭を枕に戻すと、あとはもうそのことは何も口にしなかった。

私は伊沢さんに以前聞いた芝浦の話を文章に起こして、病院に持って行き、読んで聞かせた。

黙って聞いていた伊沢さんは、読み終わると、つまらなそうに、

「それじゃ売れねえな」

と言った。

まだ私が芝浦に行き始めたばかりのころ、伊沢さんが話していたことがある。

「河岸の石松があって、なぜ屠場の石松が無いんだ。屠場の石松ができて、人気がでるぐらいじゃなくちゃ」

『河岸の石松』というのは、清水の次郎長と同じような時代劇と思っていたが、一九五〇年代、六〇年代に何度も作られた当時としての現代劇映画のようだ。

東映映画『魚河岸の石松』小石栄一監督1953年公開。

同じく東映映画『任侠　魚河岸の石松』鈴木則文監督　1967年公開。宮本幹也原作で内外タイムズに連載された。こちらは歌手の北島三郎が主演だ。

魚河岸育ちの若者、木村松吉、人呼んで石松が、仲間の宴会旅行で、ヤクザと大喧嘩をしたり、河岸のボスの娘を慕ったり、新橋の芸者にモテたりとにぎやかに活躍するはなしらしい。

北島三郎の歌に『河岸の石松』というのもある。

河岸の石松　北島三郎　歌

作詞　魚住秀
作曲　島津信男

「ほうら　皆んな　どいた　どいた　どいた　どいた
河岸の石松さんのお通りだいときたもんだ　ハハハ…
サア　どいた　どいた　どいた　どいた

お天道さまより　早起きで
ちょいと一杯　おもわず二杯
そいつはガソリンさ　石松は
ねじり鉢巻　勇み肌

鉄火場育ちも　旅ゆけば

酒と女の　二刀流
そいつはいけねえぜ　石松は
度胸愛嬌　日本晴れ

伊沢さんは北島三郎の歌をカラオケで歌うことが多かったようだ。この『河岸の石松』も歌っていたのかもしれない。

伊沢さんに聞いた話を、淡々と記録したものなど好みにあわなかったらしい。もっと派手に華々しく主人公が活躍する話を期待していたのだろう。

映画の『魚河岸の石松』のストーリーは、確かに若いころの伊沢さんと重なるところがある。

この年は春が近づくころになっても、しばしば雪が降った。

伊沢さんは少し前に、家族にもう来なくていいと言ったそうだ。

「かわいそうじゃないか」

というのが、その理由らしい。最後の時間はひとりで過ごそうと決意していたのかもしれない。

伊沢さんが亡くなる数日前にも、夏目くんと一緒にお見舞いに行った。夕方になって帰ろうとすると、伊沢さんが私の服の端をつかんだ。

「伊沢さんが、イヤがってるよ」

夏目くんが言った。

「あなたが帰るのがイヤなんだよ。いいよ。ここに居るといいよ」

夏目くんはひとりで帰って行った。

その晩、私は伊沢さんの病室で過ごした。夜は付添い用の折りたたみ式簡易ベッドを貸してもらった。

それから三日三晩、私は伊沢さんのベッドの隣ですごした。夏目くんが毎日、着替えを持って様子を見に来てくれた。

三日目の夜中、伊沢さんは体中を突っ張らせよじれるように痙攣した。体からメリメリ音がしそうだった。医者と看護師がかけつけて処置をするとようやく落ち着いたが、

「この苦しみ方は、もう間もなくですよ」

看護師が小声で私に言った。

簡易ベッドに仰向けになり病室の天井を見ていると、伊沢さんがふわりと上半身を起こし、身体を傾けて寝ている私の方をのぞき見た。私がそこにいることを確認すると、血の気の失せた真っ白な顔でヘロッと笑った。心の底から満足そうに見えた。

夜が明けると、

「うちの奴に電話して来るように言って。あんたはもう帰っていいよ」

しっかりした声で言った。

その日、家族が到着して一時間後に伊沢さんが死んだ。三月一日、雪が降っていた。

この冬は雪が多かった。

森　幸江

ライター仲間の森幸江が死んだ。

十年前に乳ガンの手術をしたとき、

「絶対再発するって医者に保証されたよ」

と言っていた
「なにそれ。そんなことを医者が言うの?」

びっくりする私に、

「このごろ言うのよ。さっぱりしたものよ。ガンかなあ。ガンだろうなあと思いながらほっといたからね。うん、なぜ検査に行かなかったかと聞かれると、めんどくさいからほっといたのよって言っていたけどね、この頃違ったと気がついた。恐かったんだわ。ガンとはっきりわかるのが。案外気が小さいのよね」

森はニコニコと笑いながら言う。

「ガンだろうなあと思ったの？　どうして」

「だって、見てわかる状態だったもの。外から見ても」

「そうかあ」

「でもそうかんたんには死ねないのよね。十年ぐらいは生きるみたいだよ。結構いろいろ調べてわかったから、何かあったら聞いてよ。教えるから」

「うん、よろしく」

そのときは、そう応じるよりなかった。

最近彼女のマンションを訪ねたときには、痩せたせいで鼻筋がつんととがって目立つようになった顔で笑った。

「自分のことだもん。知りたいじゃない。調べていたら夢中になっちゃってね。今、ガンの本書いてるんだよ。もうすぐ書きあがるよ。専門医と患者である私の共著ということになってるんだけど、全部私ひとりで書いてるのよ。医者の部分も話を聞いて私が書いてるの。ひどいもんだよ」

そうだ。ライターの仕事はだいたいそんな感じだ。

森とは、私が駆け出しライターのころに知り合った。まだ昭和の時代が終わらない頃だ。紹介された編集プロダクションに行くと、ごちゃごちゃした机に向かって、森は手書きで原稿の直しをしていた。私が入っていくと、顔をあげ、

「こんちは」

と笑いかけてくれた。小学校四、五年生の男子のようなさっぱりとした笑顔だった。


編集プロダクションはだいたい原稿料が安い。ここも四百字詰め原稿用紙一枚が一〇〇〇円からで、取材費が別にでるわけではない。交通費、電話代など経費は出るが、資料集めや取材に時間がかかるから割にあわない。それなのに森は言った。

「最初のころ、ライターってこんなにもらえるのか。こんなにもらっていいのかなって思ったよ。工場で働いていた時に比べると割が良すぎるって」

あとから親しくなったプロダクションの編集者から聞いた。

「あの人ね。学歴詐称で会社をクビになったんだよ」

驚いて返事に困っていると、

「大卒なのに、高卒だと言って工場の現場に勤めていたのがばれたんだって」

おもしろい人よ、と付け加えた。

たっぷりの髪を目の上で切りそろえたおかっぱ頭の森幸江の顔は、確かにそういうタイプだと納得させる。人生に意義を求めすぎる人間なのだ。

森は死ぬまで型崩れしなかった。

どんなに忙しくても、大変なときでも、人の話をじっくり聞く。こちらが話し疲れるまで相手をしてくれた。

電話をすると、森はベル二つで出る。

夜遅くに電話して、「時間ある?」と聞くと、

「はいはい。時間あるわよ。いいよ。うん、ちょっと待って、冷蔵庫から缶ビール取ってくる。飲みながらゆっくり聞くよ」

はい、お待ちどう。どうしたのよと、いつものふっくらした声が言う。原稿の締切が迫っていても、そんなことチラとも言わない。

様子がわかって遠慮すると、

「大丈夫だよ。飲んで寝ると二、三時間で眼が覚めるから。そのあとやれば間に合うよ。

時間は十分あるから。で、どうしたのよう」

シングルマザーとして二人の子供を育てながら、森は生涯、就職・進学・親子関係などの原稿を書き続けた。

女性問題を中心に手掛ける小さな出版社から何冊かの本を出した。印税はいくらにもならなかったはずだ。大人になろうとする女子高生、親子関係に悩む女性、働く女性などの力になろうとした。

森が奮闘しているあいだに、私も少しずつ新聞社、出版社から直接の仕事を受けるようになっていった。世の中には森のような「信義を貫く」ライターがいる。けれども私は軟弱ライターにすぎない。ときには世の風潮に流され多少いいかげんな仕事をしてしまってもしかたないだろう。無意識のうちにそんな甘えた気持ちがあったような気がする。

確かに長い年月がたったのだ。

「私」と文字にするだけで違和感がある。自分を書きたいとは思わない。書きたいのは、私が通った芝浦だ。そこに居た人々だ。書きたい、書こうと思いながら、書き上げることができないままに時間がたってしまった。

「そんな昔のことを今書いて出すことに意味があるとは思えないよ。あえて意味を見出すとしたら、あなたの物語にすることですよ」

そうアドバイスをくれたのは、森なのだ。

「あなたぐるみでなければ、読み手には伝わらないよ。世の中に自分を離れて客観的事実なんてないんだから。世の中は自分込みの世界なんだから。全部書いちゃえよ」

そもそも、なぜあなたが芝浦にこだわり続けるのか。わからないわけではないけどね、と続けた。

「そこで働いている人は、それなりの必然があってそこで働いている。それなのに、いやになったらいつでも逃げられるおまえのような立場で関わるのはひきょうだ」

声が死んだ父になる。芝浦のことを初めて話した時のことだ。

「それなら私、死ぬまで芝浦にいます」

思わず言い返すと、

「ばかな。絶対に反対だからな」

と怒った。その父も死んだ。

受け入れてくれた伊沢さんも死んだ。芝浦での私の居場所もなくなった。

それなのに、今ごろになって芝浦のことを書いている。自分の頭の中身を外に出したい。

森　幸江

私が死んだら私と一緒に消えていくもの、誰も代わりに語ってくれないものを書き残しておきたい。

関東平野

「出版するのが悪いと言っているわけではないが、違和感があるんです」

差別問題研究所の磯田さんが言った。芝浦の原稿を形にしたいと相談してみたときの反応だ。

「違和感ですか？」

戸惑いながら聞きかえした。

「原稿を読んだ時に、おもしろいけど、なぜ書くのかわからんと言ったでしょ。そのときと同じですよ。あなたが書くと思わなかった。書く人だと思ったら、違う付き合い方をしましたね」

「でも、最初から私、フリーランスのライターだと言って芝浦に入りましたよ。名刺もライターになっていますから、隠していたわけではないですけど」

「それでもなぜだか、そうは思わなかったんだ」

「磯田さんは被差別地域の歴史について調べて書いておられるでしょ。それは歴史を明らかにして残していくことに意味があるとお思いになるからですか」

「自分だって同じことしてるくせにって言うんですか」

「いいえ、そうではなくて……。私も歳をとった。もうすぐ死ぬから、いままでに経験した私にとって大切なことを書き残しておきたい。それじゃだめですか……。もっと考えてみます」

「今日ちょっと、べつのことで腹をたててるから。あなたのこととは別にいやなことがあったから、対応が荒っぽくなってるけど。そんなに考えなくていいよ」

磯田さんの声が柔らかくなった。

「考えなくてどうするんですか」

「行動する……」

どうしたらいいのだろう。

とまどったまま夏目くんに言ってみた。

「研究所の磯田さんが、芝浦のことを出版するのは違和感があるって。私が書くと思わなかったって……どういうことかしら」

「何となくわかる気がしますよ。あなたにはそういうところがありますから。芝浦の現場にしたって、いつもいつも書くためだと思って見ていたわけではないでしょ。取材者としてじゃなくて、ただおもしろがって、一緒にやっているでしょ。だからあなたが書く人だっていうことをみんな忘れていたんですよ」

「あっ、それは私自身も忘れていた」

私は気が散る人間なのだ。目的を忘れて目の前の面白さに気を取られてしまう。きっとアタマの出来に不具合があるのだろう。

一週間とか一か月の短期間で締切に追われての仕事なら迷いようもない。が、何年も芝浦に通っているうちに自分の立場を忘れた。レポートを書くことよりも、そこの仕事をその人がやっているやり方でできるようになりたいと思うようになっていた。流れる時間や空気を感じながら手を動かしていたい。

「あんたは誰が見ても屠場の人間だよ。どこに行っても大丈夫だ」

関西の屠場を見に行くときに、伊沢さんが励ましてくれた。あの言葉を思い出す。

そうだとしたら、私は外部から屠場にはいって、まがりなりにも屠場の人間と認めてもらえるようになった。

そしてまた今、屠場との関係が薄れてイソップ寓話のコウモリになっている。

どうしよう。盛大に困って、窮地に陥りながらも、胸のあたりが温かくなるような気がする。今さらながら、私はひとびとの厚意に包まれていたのだ。でも、どうしよう。

行動する……。

暮れもおしせまった日曜日、伊沢さんの墓参りに行った。

出かける支度をしていると、

「一緒に行くよ」

夏目くんが、コートを手に抱えて言った。

夏目くんが運転する小さな自動車に乗って、東京の西のはずれの街から伊沢さんのお墓のある埼玉県北部の田園地帯を目指す。以前は電車を乗り継いで、片道三時間もかかってのお参りだったが、高速道路が繋がって意外に近くなった。

伊沢さんが亡くなって、もう二〇年だ。

「伊沢さん、亡くなった時いくつだったかな？」

夏目くんが聞く。

「六三歳」

「今、生きていたら八三歳かあ。別にそんなにすごい年寄りでもないなあ。おもしろいおじいさんになっていただろうになあ」

クルマは見渡す限り麦畑の続く関東平野の真ん中を真っ直ぐにひかれた道を走る。遠くに小さく見えるのは、新幹線の高架線だろう。

「すごい平野だなあ。関東平野がこんなに広いなんて来てみるまで知らなかったなあ」

夏目くんが、感嘆の声をあげる。

「遠くに地平線が弧を描いて見えて。地球が丸いということが、教わらなくてもわかるような、そんな平野だよって、伊沢さん言っていたもの」

伊沢さんのことを思い出すたびに、いつでも私の頭の中は、二十世紀末の芝浦に戻っていく。

二〇二二年　春

二〇二二年三月の火曜日だった。前日までの初夏のような陽気から一転冬に逆戻りした。朝から冷たい雨が降り気温がさらに下がって、午後には都内でもみぞれになってきた。

　昼前、新宿にいると自宅で仕事をしている夏目くんからラインで家々の屋根が白く雪で覆われた写真が届いた。「こちらは十一時ごろから雪になりました」とある。ベランダから写したらしい。都心では雪にこそなっていないが、つぼみもふくらみチラホラと開き始めた桜の花が氷雨に打たれている。

　新宿から山手線に乗って品川駅で降りる。芝浦に通ったころの長い地下道はもうとっくにない。狭かったホームの幅も広がって人が溢れている。駅のコンコースにはＪＲグループの商業施設エキュートが入っておしゃれなパンやケーキ、惣菜の店がぎっしりと詰め込まれている。

改札口を出ると天井の高いコンコースだ。通路も広々としている。ここがかっての地下道の上だ。歩いて行く両側に商業施設アトレや、伊勢丹食品館などが並ぶ。いかにも華やかで、近く開業予定のリニア新幹線始発駅になる品川の勢いを感じさせる。

そこからは空中楼閣のような超高層ビル群と二階部分でそれらを繋ぐ優雅なデッキになる。眼の下には手入れの行き届いた植栽の緑が映える。

これらの空中デッキと吹き抜けの商業地帯を抜ければ、すぐ食肉市場の正門前に出る。食肉市場も、この数十年の間に中央センタービルが建て替えられた。敷地を囲むコンクリートの塀も新素材の軽やかなものに変わっている。でも懐かしい風情は当時のままだ。

食肉センタービル六階にある『お肉の情報館』の前まで行った。ネットの情報館ページで開館中であることを確認していたにもかかわらず扉は閉まって、中の電気も消えて暗い。

連絡先に電話をするとすぐに若々しい声が応じた。

「コロナで、都の施設はまだみんな見学停止のままなんです。解除されていないのですよ」

「現場の見学は予約が必要でも、情報館は予約不要ですよね。ネットの『お肉の情報館』のページで、今開館中となっていますよ」

現にいま目の前のドアが閉まっている。明らかに閉館中なのに、私は何をねばっているのだろう。こうして少しでも芝浦の人と言葉のやりとりをしたいのだろうか。

「東京都中央卸売市場のページに見学情報が出ていて、そこに現在閉館中というお知らせがでています。再開もそこに出ますから。食肉市場独自で再開の判断をするのではなくて、中央市場としての判断がでるので……」

「すみません。いくつか教えていただきたいことがあって。今、牛は一日に何頭処理しているのでしょう」

「最大で一日四三〇頭です」

すぐに落ち着いた返事がきた。

「二〇年ぐらい前は一日最大三六五頭で。毎日最大の三六五頭が処理されていましたけれど。現在は日によって処理頭数が違うようですね」

「具体的なセリの頭数は市場の要望によっても違ってくるので。実際の数字は市場会社のホームページで見られますよ」

「この電話は、今どこに繋がっているのでしょう」

「食肉市場の管理課です」

「いろいろ伺うのは、管理課がいいのですか」

「はい、それでいいですよ。お肉の情報館が開いているときは、そこに担当者がいますから質問に答えられますよ」

気持ちのいい声が答えてくれた。

なんだか今この場所から、あらたに取材を始めてもいいような気持ちがわき起こっていた。


この情報館は、四半世紀前に、周囲の高層ビル群が建つときに、そのビルのなかに広いスペースの提供をうけてつくられる計画であった。その準備には労働組合の組合員や、伊沢さんたちの副生物協議会が熱心に動いていた。会員誌に私も屠場で使う道具や内臓肉の料理の短い紹介記事を書いた記憶がある。

『お肉の情報館』のある六階には奥に他の部屋があるようでパラパラと職員らしい人たちが出てくる。職員たちにエレベーターに同乗させてもらって一階に降りる。

ビルから外に出ると駅に向かわずに敷地に沿って歩き出した。

関連のビルを過ぎて右に折れる。塀に沿ってしばらく行くと西門になる。そこからは施設の様子がわずかに見える。建物はすっかり変わっているが、このあたりは内臓業者の控室があったはずだ。

駅前地域の再開発にあたり、屠場の施設も枝肉をトラックに積みいれる様子も、覆いやシャッターがつけられて通路からも近くのビルの窓からも見えないようになっている。ここに屠場や食肉市場があることがわからないようにされているのだ。

みぞれの中傘をさして歩く。指が凍えてかじかんでくる。手袋を持ってこなかったことが悔やまれる。広い敷地の周りを巡って正門とちょうど反対側にあたる南門に出る。このあたりは人通りもほとんどなくて森閑としている。開いた門から、遠くわずかに牛の係留所が見える。生体運搬の大型トラックから牛の荷降ろしをしている。みぞれの中、カラスが飛んできて足元に降りてきた。

芝浦屠場は残った

芝浦屠場が残った。牛豚の生体も入ってきている。

品川駅に新幹線が止まるようになったら、屠場は無くなるのではないかという心配は芝浦で働く多くの人々の気持ちのなかにずっとあった。食肉市場のセリ部分は残るかもしれない。都心の芝浦はいい値段がつく。だからいい品物はわざわざでも芝浦に運び込む。だが生体ではなく枝肉にして運び込めばいいではないかと。

一九九〇年代、伊沢さんのところで私が仕事の見習いをさせてもらっていたころのことを考える。あのころに、数十年後に品川が新幹線停車駅になり、さらにリニアモーターカーの始発駅としての整備が進んでいるころになっても、芝浦屠場が存続していると自信を持って言える人間がどれほどいただろう。

牛豚の生体が運び込まれて屠畜解体が行われた上で、市場のセリで取引が行われる形が存続していると本当に確信をしていただろうか。

都心にある芝浦の食肉市場では、高品質の肉が高価格で取引される。遠方からでも運んでくる価値がある。枝肉のセリを行う食肉市場としては存在理由がある。

市場としては機能しても、屠畜解体は生産地の近くの屠場で行われて枝肉にして芝浦に運び込まれてセリにかけられる。そういう形になってしまうのではないか。そんな心配がささやかれていたのだ。

振り返れば、芝浦の労働運動は屠場の民間委託の問題が始まりだったはずだ。

一九六八年（昭和四三年）東京都から屠場の民間委託の方針が出て、職員が減らされた。人手不作から内臓業者の従業員たちがタダで仕事を手伝わされる「タダ働き」が常態化した。

仕事が増えるのに賃金は安いままで生活できない。そこから一九七一年（昭和四六年）に労働組合を組織して東京都を相手に困難な戦いを始めた。直接の雇用関係にない都と交渉するために解放運動支部を立ち上げた。その初代支部長が伊沢さんだった。

闘いの成果として食肉事業公社を経て一九八〇年に屠畜解体業務は全面都直営になる。業務にあたっていた人たちは年齢に関係なく希望者全員が都職員になった。

現在も芝浦屠場では屠畜解体部門で働く人たち全員が都の職員である。これには屠場に詳しい人でも驚く。東京都以外では屠場の建物は県や市など自治体が所有していても、働く人は公社や企業に雇用されるという形態をとっているからだ。

その後も屠場移転や廃止の危機はあった。一九八四年に旧国鉄の品川駅貨物跡地が民間不動産会社に払い下げになり駅周辺の大規模再開発が始まった。東京都には屠場を廃止して一帯を緑地にする動きがあったと聞く。一九九一年には牛肉自由化もある。

これらの動きに対して、屠場関係者は「食肉の街しながわ」を目指し朝市や青空市を開き、食肉文化館の建設を計画する。行政や企業を巻き込んだ運動を展開していった。

屠場差別の問題を含む出版物や映画演劇の関係者との確認糾弾会も怠りなく続けた。

移転、廃止が心配されていた芝浦が残って、思いもよらなかった築地の魚市場が廃止され豊洲に移転されてしまった。

銀座の先に築地の魚市場があることがどれほど豊かなことであったか。

銀座から歌舞伎座の前を歩いて築地に入る。築地で新鮮な魚介類を買いこむ。活きのいいネタのお寿司屋さんに入る。そうした場所が、多くの反対にもかかわらず無くなってしまった。

ふっと頭の中でかってなイメージが広がる。

アフリカ大陸では多くの人々が奴隷として狩りだされ船で運びだされた。

その中でケニアのマサイ族は奴隷にならなかったと聞いた。あまりに勇猛果敢に闘うので奴隷商人たちの手におえなかったのだと。マサイ族が恐れられたおかげで東アフリカのマサイ族居住地域周辺にいた部族も、奴隷として狩られることがなかったそうだ。

いまも品川駅前に健在の食肉市場屠場を眺めていると、そのマサイ族の話を思い出す。勇猛果敢なマサイは牛飼いであった。牛を狙ってあらわれるライオンとためらわずに闘う勇者であった。

芝浦の伊沢さんたちの闘いは、今も生きているのだと思った。

築地市場が移転になって伝統の地を離れた。芝浦食肉市場、屠場はこの地に残った。芝浦屠場が今ここで存続している。それは胸が熱くなるような感動だった。

ひとりに一つずつ　～内臓の現場

臓器会社の作業場では、白衣に身を包んだ女性担当者が手作業でツヤツヤ黒く光る豚の目玉をひとつひとつ丁寧に並べて箱詰めしていた。きれいに並んだ目玉は貴重な和菓子か何かのように見える。

数十年ぶりに芝浦で内臓処理の現場に立っていた。

『お肉の情報館』の電話で案内してくれた声の主に事情をはなすと、伊沢さんのいたころから現場で働いている何人かに連絡をとってくれたのだ。

「今営業品目が多くなっているんだよ。食用意外にもいろんなことやっている。検体っていうんだけど、学校の理科実験で豚の臓器とかを使っている」

現場を案内してくれながら佐々木貴行さんが言った。内臓肉は、もつ鍋、焼き肉などのほかに本格的なフランス料理、イタリア料理などでも人気になっている。さらに食品以外のところで「検体」として、医学実習や生物の観察の場でも使われる範囲が広がっているのだという。その筆頭が豚の目玉だ。

「ああ、豚の臓器は人間に大きさが近いそうですね」

そんなことを聞いたおぼえがある。大学の医学部や医薬品の研究所では、豚の臓器の大きさが人間に近いこともあり以前から実験に使われていたようだ。

「うん、学校の実験用に、目玉とか心臓とか血管とか。全国の学校に送っている。すごい数なんだよ」

「大学の医学部とか医薬品会社ですか」

「中学や高校にもだよ。小学校もある。以前おれたちのころは生物の実験でカエルの解剖とかをやっていたでしょ。この頃、カエルが少なくなったからかなあ。解剖の授業で豚の目玉を使うところが多くなったんだよ。注文がこまかくて大変なんだよ。目玉にまぶたをつけてとか。血管をわかるようにとか」

とくに宣伝するわけではなくて、口コミでひろがって最近では中学や高校、なかには小学校でも、生物の実験観察に豚の臓器を使うようになっているという。

東京都内や近県の学校では担当教師が直接受け取りにくるか、バイク便での配達になる。遠方は宅急便のクール便で送るそうだ。

実験では、だいたい生徒ひとりに目玉がひとつずつ割り当てられるという。目玉はひとつ三〇〇円プラス税。一クラス三五人として二クラス分、三クラス分単位での注文が多いという。

高校になると内臓一式の注文もある。こちらは一万二〇〇〇円。消化器のみ一式(七〇〇〇円)も以前はあったが、今は扱っていない。注文は北海道から沖縄まで全国からあるそうだ。屠場は各地にあるのに芝浦に注文が集中している。なぜ注文が芝浦に集中するのだろう。

「手間がかかるからだと思うよ。面倒な注文が多いのでほかのところは応じきれないのかもしれないな」

佐々木さんが笑う。

面倒な手間の種類はふたつある。まず材料を用意すること自体に手間がかかる。神経を長めにつけてとか周りの筋肉もつけてといった細かい要望がつくこともある。目玉以外でも例えば心臓なら冠状動脈が切れていないものといった様々な注文がある。

もうひとつ事務的な手間もある。公立学校の場合、見積や請求書のあて先が担当者や校長だけでなく教育長や市長、時に県知事まで必要なことがある。それらの煩雑な事務手続きは、ある程度の人手がないとなかなか大変だろうという。

伊沢さんが亡くなって四半世紀。当然芝浦もいろいろ変わっている。係留所に入ってまず驚いたのは、牛が大きくなっていることだった。

「牛ってこんなに大きかったかしら」

思わず口にすると

「この二〇年ですごく大きくなったんだよ」

佐々木さんに教えられた。

農林水産省畜産局畜産振興課に問い合わせると、畜産物生産費資料で確認できる平成十五年（二〇〇三年）の肉牛出荷時平均体重六九七キログラム。令和二年（二〇二〇年）では八一〇キログラムであるという。この二〇年弱で一一〇キロ以上も重くなっている。

栄養価の高い飼料を与えることで大型化され、効率がよくなった。だが無理があるのかレバーの廃棄率が高くなっているという。かって現場にいたころは「二割も廃棄になる!」と嘆いていた。現在は半分近くが廃棄になるという。

牛の飼育方法も変わっているらしい。

以前は農家が五~六頭の牛を家族で面倒をみるような飼育方法が多かった。最近は大規模に工場のような場所での多頭飼育が増えているそうだ。

「牛が人の姿をあまり見ないで育てられている。だから芝浦の係留所に連れてこられて人を見ると興奮して騒ぐんだよ」

ちょっと困っているという表情で佐々木さんが言う。

BSE(牛海綿状脳症)が芝浦でも大きな問題になったのは伊沢さんが体調をくずしたころだった。あれから現場もいくつか作業方法が変わった。脊髄がBSEの危険部位ということで、まず銃撃後の脊髄破壊ができなくなった。

銃撃で牛は気絶するだけだ。その後「トウ」と呼ぶ長い二・七メートルほどのワイヤーを銃で撃った額の穴から挿入して脊髄を破壊し神経の伝達をできなくしていた。

このトウでの脊髄破壊の代わりに今は「パルス式電流不動化装置」が使われるようになっている。電極の金属部を耳と尻尾に繋いで電流を一〇数秒流すことによって、牛の動きを一定時間とめるのだという。

耳はクエスチョン（?）型の金属を刺すかたちで、尻尾はクルマのバッテリーを挟むような大型ハサミで挟んで電流を流す。開発の際にこの電圧の数値を決めるのが難しかったらしく、企業秘密になっているとのことだ。

現場の様子で以前と大きく違うのは、内臓処理の作業場と二階の解体現場の行き来が簡単にはできなくなったことだ。

ＨＡＣＣＰ（ハサップ）で衛生管理が厳しくなった。レバーを内臓業者が二階まで取りに行くこともできない。レバーをシュートで流すとくずれるので、解体現場からカギに引っ掛けてハンガーに吊るした洋服が順番に動くように内臓作業場に運ばれてくる。

内臓処理の仕事でいうと、牛のカシラはほほ肉だけをとって、あとは焼却処分にされているそうだ。あのカシラおろしの作業は部分的にしかなくなってしまった。

「古い人たちもまだ結構現場で働いているよ。顔見知りに会えるといいけど」

佐々木さんが、以前と変わっていない作業所の場所を選んで案内してくれた。

「わあ、久しぶり。また来るの？　来ればいいよ。そのまま前掛けつけりゃ働けるよ」

かっての伊沢さんの作業場の周りの人たちが四半世紀の時間のトンネルを潜り抜けて登場したときには、何と言ったらいいのか。言葉が出てこなかった。

色白端正な若い男性が気持ちのいい笑顔をみせて挨拶しながらすれ違った。

「大月さんの孫だよ」

佐々木さんが紹介してくれた。

「えっ、そうなの。名札の苗字が違ったけど」

「大月さん、娘だけだったからその息子。大月さん本人は事務所かクルマの中かだな。現場からはさっさと引き上げちゃう」

伊沢さんの側でマイペースぶりを発揮しながら、颯爽と仕事をしていた、あの大月さんがおじいさんになっているのか。近く会いたいものだと思う。

佐々木貴行

佐々木さんに案内してもらって四半世紀ぶりに内臓処理現場を歩いた。ひと通り見て事務所にもどりながら、

「もうここしかいる場所がない」

佐々木さんが笑いながらいった。以前伊沢さんがいたころ内臓を扱う商店に勤務していた佐々木さんは、現在内臓処理の元締めともいうべき臓器会社の専務取締役である。

「やめようと思ったことはないんですか」

「ないなあ。いや一度ある。おれ宮城県なんだよ。で宮城の知人が仕事を始めるので一緒にやろうと声をかけられて。帰ろうかなあとちょっと思った。親がいるからね。学生時代から元々いずれ帰ろうと思っていたから」

「都の職員になろうとは思わなかったのですか」

「なりたかったんですよ。佐藤商店の仕事しながら労働組合のことやってて時間がないから。ほんと大変でね。公務員になれば時間もできるから組合のことだって、もっとしっかりできるなって。だから都の職員になろうって思った。でもそのときに、ふと思ったんだよね。組合の仕事するためだけにここにいるんじゃないぞって」

「ふうん」

「最初は、べつにとくに考えがあってではなくて。屠場の見学に来てみたんですよ」

佐々木さんは、昔私が聞いたのに答えてくれなかったことを、今話してくれていた。

「当時ずいぶんたくさん学生がきていたって聞きました。でも大抵何日か現場を経験するとやめて帰っていきますよね。それを佐々木さんはずっと……」

「当時いろんな人が来ていて。学生運動の関係でとかいうのもあったようだし。おれは運動とかじゃなくて。学園祭のからみで、ただ来てみて。来て見て、これはちゃんと向きあおうと思ったんだよね。

ちゃんと向きあうって。それは一年じゃだめだとか、一〇年いたからどうとかいうのじゃなくて。一日だけだってちゃんと向きあえるというのはあるんだけれど。

そのうちずっとここでいい。ここがいいと思うようになった。なんだが楽なんだよね。人間関係とかいろいろ。いろんな奴がいるよ。気にくわないのもいるしケンカすることもあるけれど。

あのさあ、あの文章にお父さんが屠場に行くことを反対するところがあるでしょ。どうして反対したの」

彼には芝浦の書きかけ原稿を見てもらっている。答えようとして、言葉がみつからないで言い淀んでいると

「いいんだよ。べつにこれは、原稿の問題じゃなくて」

「ええ、――屠場で働いているひとたちは、その仕事を好き好んで、職業選択の自由があって選んでしているのではない人も多いでしょ。それを私のように興味本位でイヤになったらやめればいいなどというかたちで行くのは卑怯だって言ったんですよね」

「それは大事なことだよ。覚悟がいる。ちゃんと向きあうという」

「ええ、父は私がそれをできると思えなかったんでしょうね」

覚悟ということを考える。あのころ、自分勝手な理由で芝浦にやってきた私などよりも、それを受け入れてくれた伊沢さんや労働組合のひとたちの方にこそ覚悟があったのだと思

い知る。改めて深い感謝に包まれる。ずっと側に居続けさせてほしいと思う。

「大手のハムメーカーとの取引も増えているんだよ」

佐々木さんが話題を変えた。

「大手ハムメーカーは、自社の大規模屠場を持っていて、加工まで一手にやっているんじゃないですか」

各地に自社や関連会社の屠場や加工場があると聞いている。

「自分のところでやっているけど、扱い量が多いからそれだけじゃ間に合わない。それにうちにくるのは、情報が欲しいからということもあるんだよ。自分のところだけでやっていたら、わからないことも多い。情報って大きいんですよ。

こちらもいろいろわかる。東京ドームでのプロ野球の試合にも呼んでくれるんだよ。おれは行かないけど」

「行かないんですか。行けばおもしろいかもしれない」

言ってみると
「行かないよ」

昔どおりの生真面目な顔になって佐々木さんが言った。

二〇二二年　柴田あかり

都の解体部門の職員は現在ネットのホームページで募集している。伊沢さんが居たころのメンバーは当然ながらもうほとんどが定年退職してしまった。構内を見回すと若々しくはつらつとした人々の姿が目立つ。

「豚殺しになったのかぁって言われたんですよね。高校時代の先生に。たぶんほんとに悪気なく言ったのだと思うんですけど」

そんな深刻なことを、なんでもないようにほがらかな表情で話す柴田あかりさんは解体の仕事について六年がたつ。三〇歳になった。学校卒業時は別の企業の事務職についた。父親が公務員以外の仕事も経験したほうがいいという意見だったからだ。

その後、転職して今の仕事に就いて間もないころ、高校時代にバレーボール部でかわいがってもらっていた顧問の教師のところに挨拶に行った。その時に言われたのだ。何十年も前の話ではない。ほんの五～六年前のことだ。体育教師のその男性は当時五〇代、生活指導も兼ねる学年主任だったという。

「びっくりして、何も言えなかったですね。家に帰ってからもそのことは家族にも言わなかった。今考えて、その先生をかわいそうな人だと思いますね。小学生じゃあるまいしって。何も考えずに生きているのかなぁ。考えもなく脊髄反射で言葉が出てしまったのかなぁと」

現在の仕事のことは、友人知人にそのまま話しているという。

「ええ、都の職員とか公務員とか言うのではなく、豚の解体をしていると話します。それでいやな目にあったことはありません」

ただ「大変だね」とか「大変な仕事だね」と言われることはあるという。

「仕事というのはどんな仕事でも大変なものでしょ。大変じゃない仕事なんて無いと思いますよ。もしかして言葉には出さないけれど、大変のなかには動物を殺すという部分が含まれているのかなと思う。その部分については考えないわけではないです。殺さなければ肉はつくれませんから。

でも食べるということは、魚だって野菜だって生きているものを殺して食べているのですよね。牛や豚だけが特別ではない。生き物が食べるものは、ほとんどが命のあるもので、殺さなければ食べられない。生きられない。

殺しているのではなくて食べ物をつくっている。活かしているのだと思っています。芝浦のこの場所は人が生きることの原点だと思う」

柴田さんは父親が芝浦で働いているし祖父も働いていた。最近は行われていないが、彼女が子供のころには労働組合の行事として働く現場を家族に見てもらおうという企画が定期的に行われていて、参加したことがある。

「牛の枝肉を鋸で縦に半分に切る背割りとか、カッコいいんですよ。私それを見て、やりたいなあと思った」

見学で見た場面を小学校の図画工作の時間に絵に描いたという。

「豚がごろんと横になっている絵かなんかだったんです。それで先生があわてたって後で聞いたんですけど」

実際に仕事に就いてみて予想外だったのは「思った以上に現場の仕事は難しかった」自

分は仕事ができないのだと自覚させられたことだという。

先輩に教わったとおりに、見たとおりに、先輩と同じように動いているつもりなのにできない。

「現場に入ってもらえるといいんですけれど。今ダメなんですよね。よかったらビデオ見ながら説明します」

柴田さんが言ってくれたので、見学が解除になった『お肉の情報館』のビデオを見ながら教えてもらった。

「頭を切りおとすのは関節を見つけないとできない。慣れるとホコッと見えるようになるんです。毎日やっていると二週間ぐらいでホコッと見えるようになるんです」

ビデオを巻き戻しながら、「そこそこ」と何度も繰り返し見ながら教えてもらう。

できるようになったつもりでいても、仕事はいくつもの段階がある。次のステップに進むとさらにハードルが上がって、またできない。切れていたつもりの自分のナイフが次のステップでは通用しない。本格的に肉の深い部分まで切り開く部署になってみたら、このナイフの研ぎ方ではだめなのだ。ナイフが切れないなと思っていると、『ナイフが切れていないな』と先輩に指摘されてしまう。

「できないんだということが驚きなんです。皮を引っ張る角度とか力の入れ具合とか、両手の力のバランスとか。全然わかっていない」

解体の現場では計約二四〇人中女性はまだ六人だけだ。全員豚の解体部署で、牛の部署にはまだ女性がいない。

「この仕事での女性のハンデは、力が足りないことですね」

当然、男性と同じレベルの仕事を求められている。それをテクニックでカバーするのはなかなか苦しい。

父親とはラインが違うので、仕事中会うことはない。

「でも迷ったときは相談します。どうしてもうまくできないとか。他の仕事の人ではわかってもらえない具体的な技術のことでも聞けるのは、とても頼りになります。そんな父なのですが、現在の部署の先輩は、『おまえのお父さんよりうまくしてやる』と熱を込めて教えてくれているんですよ」

伸び悩んでいるときに踏ん張れる力、乗り越える力がほしい。

後から入ってきた後輩でも、意欲的な人はどんどん上達していく。

「仕事に熱意があって伸びる後輩がいるから追い越されたくない、負けられないって必死です」

歩くのが好きだ。ひとりで長い時間を歩く。仕事帰りに新橋から上野まで歩くこともある。歩いていると、気持ちが整理される気がするという。

現場で働いているなかには山崎敏晴さんのような変わり種もいる。

彼は元プロのドラマーだった。やっと音楽で食べられるようになったところで、趣味の格闘技で膝に大けがをして「ドラマーとして活動できなくなってしまった」

その後はアルバイトをしながら世界各地、特にアフリカや東南アジアを旅行して歩くうちに現地の屠場と出会い、自分も仕事にしようと思った。

「人が何を一番大事にしているのか。食べることに精いっぱいの人もいれば宗教を何よりも優先する人たちもいる。自分とは全く違う世界で生きている人々に惹かれます」

秋にはモンゴルのゴビ砂漠に伝統的な屠畜を見に行く計画を立てている。

解放運動の支部で

伊沢さん、現在の状況について報告しますね。

ずいぶん迷ったのですが、今まで書いてきた芝浦についての原稿を、多くの人に読んでいただけるかたちにすることにしました。

解放運動の支部や芝浦の労働組合に、いまさら了解を得なくとも、という意見が運動体の人からもありました。でも不意討ちはよくないですよね。

ということで解放運動の支部に連絡して三部送りました。しばらくして支部の上村さんから電話があり「こういうことは電話で話すことでもないから」と言われて出向くことになりました。

指定された支部の建物は以前とは違う場所に移っていました。JRの大森駅から歩いて一〇分。京浜急行の大森海岸駅からも近いようです。区の図書館分館の隣のビル。図書館の入ったビルの足元にはヒメツルソバがいっぱいに植えられてピンク色の小花が咲きこぼれています。並んで立つ解放運動支部の入ったビルも明るい緑の植物に一面覆われていました。

建物の表示には区の行政相談、人権相談窓口となっていて、解放運動支部の名前はありません。入口にいた男性に聞くと「この三階ですよ。そこからエレベーターで上がれます」と教えてくれました。

三階に上がってもどこにも表示はみつかりません。約束の一時ぴったりに電話をすると、「今どこ。えっもう三階に上がってきたの。そこです。まっすぐに入ってきて」

少しあわてた上村さんの声が答えます。

ソファに労働組合委員長経験者の外山さんと山本さんが先に来て座っていて。半分白くなった髪を短めに刈り込んだ外山さんを見たとき、懐かしくて思わず「あっ」と声が出ました。

長方形のテーブルを六つほどくっつけて並べて、まわりに椅子を置いて会議室のようになっています。その奥に座るように言われました。

「なぜ今頃になって書いたのですか。理解できない」

上村さんが口を開きました。山本さんも強張った硬い表情です。彼は屠場の労働組合と部落差別解放運動の両方をしています。

「当事者として不安なんだよ。被差別の仕事をしているとばれたら影響は家族にくる。差別の問題を子供にいつ話したらいいか。説明するべきか。ずっと迷っているんだから。子供がいじめられるのではないか。差別されるのではないかと心配なんだよ」

山本さんは言います。差別を受ける環境が残っている。五年前に差別解消推進法が改めてできた。就職・結婚問題は現在でもまだあると。

「部落について知識がなくても知ったとたんに差別するんだよ。講演などに行っても屠畜の映像を見せながら反応はどうだろうとドキドキする。屠畜解体の仕事に就く人は公務員だからなる。好きで応募してくるわけではないんだから」

そばで聞いていた外山さんが補足してくれます。

「職員はネットのホームページで募集するから、応募は多くなっているんだよ。二〇〇〇年以降安定していて、数人の募集に多いと一〇〇人ぐらいくる。一次の体力試験で三〇人ほどにして、あと筆記試験をして現場の見学をさせる」

「現場の見学をさせると、そこで辞退者が出ることもあるんだから。食肉処理というと、肉を切り分けたりする仕事と思っていたのもいるようで。とてもできないと。今回の原稿で匿名になっていてもネットで人物が特定されるかもしれない。ここに書いてあることに差別があるというのではない。差別されるのではないかと不安なんだよ」

山本さんが言葉を続けます。

こちらは、ひたすら「どういう形ならいいでしょう。納得していただける形にするにはどうしたらいいでしょう」と相手の話を聞いていました。

午後一時に行き四時過ぎまで、じっくりと話し合っていました。私たちが話している間にも、何組ものスーツ姿の企業や行政関係者と思われる人たちが訪れて。その都度上村さんがにこやかに対応しています。対決姿勢ではなく、ソフトにアドバイザーとしての役割を果たしているのだと感じられます。

「当事者が書きたいというのを書くなとは言えない。あんただって何年も芝浦の現場に来ていて当事者だ」とうとう山本さんが言ってくれました。

「当事者の部分とオブザーバーの部分があるけどね」
外山さんがちょっと笑いながら悠然と座ったまま言いました。

了

謝辞

四半世紀がかりでこの原稿を書き終わったとき「今この場で、たちどころに死んでも約束は果たしたぞ」と深く安堵したものです。

同時にこれをどのような形にして読んでいただけばいいのか、迷いました。自分のパソコンで印刷し、手渡しで顔の見える相手にだけ届けることも考えました。

でもそれでは伊沢さんからの宿題は、やり残したままのように思えて、このような形になりました。

ひとりひとりお名前をあげることができないのですが、芝浦の現場でお会いしたたくさんの方々にさまざまなことを教えていただきました。仙台でも京都でも大阪でも福岡でもそのほかの場所でも、原稿に書けていない多くの場面でたくさんお世話になりました。とてもとてもありがたかったです。

信頼ということを身をもって伝えてくださった長谷川恵子さん、長谷川三郎さん、三島充得さん、原和人さん、塩谷幸子さん。高岩昌興さん、藤沢靖介さん、吉田勉さん、井桁碧さん。高橋篤子さん、吉田隆穂さん。丁寧なアドバイスをくださった高木伸夫さん、森絹江さん、田中喜美子さん、原田純さん、本田豊さん。書くことについてご指導くださった松成武治先生、校條剛先生、池田雄一先生、佐藤誠一郎先生、上田恭弘先生。ありがとうございます。未完成原稿を読んで励ましてくださった細河信子さん、中村和三郎さん、宮﨑俊枝さん、市川葉子さん、八田洋子さん、唐澤操さん、申美花さん、路乱さん、横山瑞史さん、間島真紀さん、小島昌世さん、前田郁さん。うれしかったです。

空白のできてしまった芝浦と改めて向き合う道を開いてくださった速水大さん、松田実さん、大森一隆さん、ありがとうございます。限りなく感謝しています。これからもいつまでもどうぞよろしく。

そしてずっと書き上げることができないでいた芝浦原稿を、まとまった形にするエネルギーを与えてくださった守護神のような！　神山典士先生。ありがとうございます。最後に青月社の望月勝さん、笠井譲二さん。ありがとうございます。現在の芝浦について文章にすることができたのは、おふたりのおかげです。深く感謝しております。

二〇二二年暮れ　東京西端の街で

山脇史子

『芝浦屠場千夜一夜』の内容は、私が実際に見聞きし、体験したことです。

しかし屠場での偏見差別の問題は、現在も完全には解消されていません。

プライバシーの問題もあります。そのために登場する人物や組織の名前の多くを変えてあります。

◉著者プロフィール

山脇史子（やまわき・ふみこ）

東京生まれ。ライター。

日経ウーマン、日経流通新聞、リクルート、ＮＴＴ出版などでフリーランスとして記事を執筆。

1991年から98年まで、東京芝浦の食肉市場・屠場の内臓処理現場に通い、現場の仕事の数々を実際に習いながら働く人たちの話を聞くことをライフワークとした。屠場の現在について、あらためて取材を始めている。

芝浦《しばうら》屠《と》場《じょう》千《せん》夜《や》一《いち》夜《や》

発行日　　2023年4月15日　第1刷

定　価　　本体1500円＋税

著　者　　山脇史子

発　行　　株式会社 青月社
〒101-0032
東京都千代田区岩本町3-2-1 共同ビル8F
TEL 03-6679-3496　FAX 03-5833-8664

印刷・製本　株式会社ベクトル印刷

ISBN 978-4-8109-1348-4